都市智慧农业系列丛书

U0215593

都市农业
智能园艺装备

马 伟 ▣ 著

中国林业出版社
China Forestry Publishing House

图书在版编目（CIP）数据

都市农业智能园艺装备 / 马伟著 . -- 北京：中国林业出版社 , 2024. 6. -- ISBN 978-7-5219-2738-2

Ⅰ . S126

中国国家版本馆 CIP 数据核字第 202400549M 号

责任编辑：李春艳
封面设计：睿思视界视觉设计

出版发行：中国林业出版社
　　　　　（100009，北京市西城区刘海胡同7号，电话010-83143579）
电子邮箱：30348863@qq.com
网址：https://www.cfph.net
印刷：北京中科印刷有限公司
版次：2024年6月第1版
印次：2024年6月第1次
开本：710mm×1000mm　1 / 16
印张：7.5
字数：150千字
定价：68.00元

都市农业已经成为农业与城市结合的一种新的业态，很大程度上拓展和丰富了农业的外延。都市农业具有"三生"的属性，即生产、生活和生态。除了传统意义上能为居民生产更多的健康食品之外，还具备为人体健康提供更多的休闲功能，起到放松身心的作用。都市农业还可以利用废弃空间、闲置楼房和楼顶阳台开展设施栽培，并充分利用社区绿地和共享农场改善环境，也可在岛礁、沙漠和极地利用人工气候实现种植蔬菜的目的。

伴随着我国都市农业快速发展，与之配套的智能园艺装备短缺的问题变得越发突出。为了满足都市农业发展的需要，各种创新理论、生产技术和智能装备被创造出来，从而更好地解决生产需求。但在实际应用中仍发现不少问题，面对生产需求仍存在一定的缺点和不足，还需要改进和熟化。同时，我国的城市化不断发展，都市农业研究的对象层出不穷。因而，开展都市农业智能园艺装备研究，突破核心关键技术，构建全链条的装备体系具有重要的价值。

都市农业智能园艺装备是一个庞大的体系，除了涉及机械设计、电子设计和软件开发等技术之外，还涉及农学、农业工程等自然科学。因此，该研究需要跨学科的知识背景和深入的交叉研究，需要辩证地认识技术探索和产业发展的关系。鉴于都市农业的这些特点，除了装备技术研究外，还需要结合技术创新构建更多的应用场景，通过真实场景展示技术的先进性，让更多的人身临其境地感受、触摸和了解都市农业智能园艺装备，进而喜爱都市农业。

基于对以上问题的认识，作者从 2020 年开始进行该项研究，围绕都市农业园艺装备采用理论机理、关键技术和装备创制一体化研究的思路，立足成都，面向西南，瞄准都市农业"三生"重大应用需求，带领团队经过长期地探索研究和实践应用，解决了一系列问题，取得了一系列成果，积累了一些经验，搭建了一系列应用场景。本书是作者及其团队研究工作的总结，主要围绕都市农业智能园艺装备关键技术、应用场景等进行了深入浅出的详细论述。

在开展都市农业智能园艺装备研究过程中，田志伟、张梅、邵爽、段发民、彭洁、申超伟、姚森、杨雪梅、严俊杰、柏晓林参与了部分研究工作，为本书提供了良好的基础素材，研究生封煜亮等参与了部分试验。此外在本书写作过程中，杨其长、李清明、王森、戚智勇、王柟、胡永松、刘爽、杨雪青等多位专家提供了宝贵帮助，在此一并致谢。同时，特别感谢成都市科学技术局和成都市农业农村局在研究经费和科研条件方面给予的大力支持。

都市农业智能园艺装备是一个体系庞大、崭新的研究领域，目前还在快速发展和不断完善的过程中。本书的内容只是盲人摸象、管中窥豹，仍有很多科学问题需要耐心探索和深入研究，而且研究园艺装备和机器人的许多工业技术不断在进行迭代和更新，也会使部分研究的创新性减弱。鉴于作者水平有限，书中内容和观点难免存在不妥之处，恳请广大读者批评指正。

马伟

于成都望江楼

2024 年 5 月 14 日

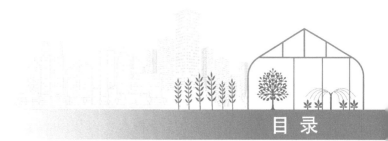

目 录

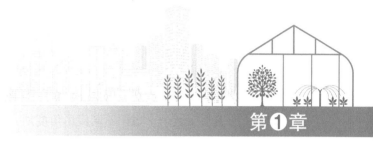

绪 论

1.1 概述

都市农业智能园艺装备是针对都市环境中与人群密切相关的园艺应用场景，通过信息采集、智能决策和精准执行，实现作物在都市楼顶、地下空间等场所园艺栽培周年自动化高效生产、科普展示的装备系统（齐飞，2019）。由于都市园艺智能装备深度融合了传感器技术、人工智能技术和机电一体化技术等，被国际认为是影响城市食品健康和发展质量的重要指标，是城市参与全球竞争的重要领域之一，受到全世界的高度关注。

都市农业智能园艺装备最早发源于传统的设施农业栽培，为了适应设施农业垂直栽培和精准管理的需要而进行研发（齐飞，2017）。最具代表性的是荷兰，在 20 世纪 80 年代，率先在劳动密集型的播种育苗环节实现智能化装备代替人工，并首次研制出了黄瓜采收机器人等装置。日本在垂直栽培方面进行了探索性应用，实现了植物工厂自动化生产。随着产业发展不断成熟，都市农业发展成为设施农业发展新的阶段，与之相应的装备也在不断突破，目前都市园艺智能装备已经成为独立的细分领域，并且逐步成为大学的主流专业。

与设施农业相比，都市农业智能园艺装备更多地聚焦在大楼楼顶、地下空间等城市空间中如何提供更多健康的食物以及带给人休闲的功能；更多地突出以人为中心的理念，装备的设计要更多地考虑人的沉浸式体验感；装备的主要传感器设计要采用声光电等技术手段，考虑到老人、亲子等特殊需求，操作界面要尽可能的简单。

基于上述独特的要求，都市农业智能装备被认为是未来与人的健康密切相关的新型产品，是解决未来都市人群老龄化、都市食物健康以及城市农业劳动力的重要抓手，同时也是国防、火星、月球等特定极端环境的场所中新鲜食物补给的必由之路（杨其长，2005）。

1.2 分类

都市园艺智能装备按照其应用场所、对应的管理环节、操作方式、功能属性进行分类，如图 1-1 所示，根据不同应用角度划分为不同的类别，下面分别介绍这些典型的分类方法以及研究进展。

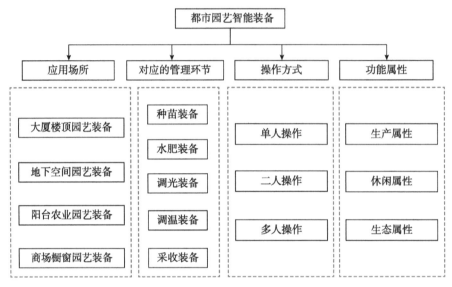

图 1-1　都市园艺装备分类

1.2.1 按应用场所分类

都市园艺智能装备按照其应用场所分类大体可分为大厦楼顶园艺装备、地下空间园艺装备、阳台农业园艺装备和商场橱窗园艺装备。

大厦楼顶园艺装备是指在楼顶自然环境中，通过智能装备实现光、温、气、水、肥的精准管控以及使用智能移动机器人实现园艺作物的精准化管理。屋顶阳光没有受到遮挡，过强的直射阳光不利于某些园艺作物的特定生理阶段，遮光和补光的自动装备要具有可折叠、可设定程序等功能，并且可远程进行计算机管控。温度的调控是在突然降温的时候自动打开保温设施遮盖作物，并根据需要进行电加热，提高楼顶栽培应对霜降、冰雹等自然灾害的能力。遇强气流、重度雾霾等灾害天气时对作物的保护，则可采用具有自动折叠关闭功能的栽培装备，在大风天气进行自动装箱关闭，保护作物不被大风吹坏；楼顶栽培所需灌水来源包括循环水利用、雨水收集以及自来水的补充，对水进行处理后，根据园艺作物所需的酸碱度数值，进行有针对性的调理，并根据水分传感器采集的土壤水分数据，进行按需供水；施肥系统也是根据作物的长势、土壤养分情况自动地调节肥料的供给，采用动态调控的方式，结合滴灌带设施，实现水肥的精准供给。大厦楼顶园艺装备示意图和实物图如图1-2所示。

图1-2 大厦楼顶园艺装备示意图和实物图

地下空间园艺装备是在人防空间、车库等地下空间开展农业栽培所必不可少的装备系统，主要包括光、温、水、肥等方面。地下空间环境植物照明可以有效起到为车辆通行照明的双重作用，如图1-3所示。温度调控装置和空调系统结合，最大程度节省能源，同时调节和清洁空气。水肥的调节可以采用车载牵引式移动式水肥系统，提供肥料的精准供给。开放式地下空间园艺装备实物图如图1-4所示。

图1-3 地下空间园艺装备实物图　　　图1-4 开放式地下空间园艺装备实物图

阳台农业是利用阳台相对狭小的空间，开展园艺栽培，起到点缀性的目的，通过园艺装备的投入和使用，能更好地利用阳台空间，同时实现生产健康果蔬的目的。阳台农业园艺装备场景图如图1-5所示。阳台栽培注意不要占据太大面积，装备要尽量扁平化，依靠墙壁栽培，或者对较大的阳台进行空间分割。

图 1-5　阳台农业园艺装备场景图

商场橱窗园艺装备多布置在人流较大的商场，主要起装饰和绿化作用，商场橱窗园艺装备场景如图 1-6 所示。能够让顾客看起来心情愉悦，多利用玻璃等透光材料作为支撑，可采用封闭式结构，保证湿度满足栽培环境的需求，也可采用传感器自动化管控。

图 1-6　商场橱窗园艺装备场景

1.2.2 按对应的管理环节分类

按对应的管理环节分类可分为种苗装备、水肥装备、调光装备、调温装备、采收装备。

种苗装备主要用于种苗的高效化、自动化和标准化生产。可采用流水线方式进行播种、喷水、盖土和催芽等作业，实现育苗环节的高效播种。可采用自动化装备进行瓜类和茄果类种苗的嫁接生产，替代人工实现种苗的快速嫁接。果类蔬菜生产装备如图 1-7 所示。

水肥装备主要用于营养元素的精准化、定量化投入。可采用自上而下的导管方式进行营养液供给，实现管理环节的高效水肥调控。可采用专家系统进行水肥决策生产，替代人工实现营养液的智能调控。

图 1-7 果类蔬菜生产装备

调光装备主要用于植物人工光的自动化、科学化管理。可采用依据植物生理条件按需补光进行人工光的管理，实现管理环节的高效光照调控。可采用光配方进行有针对性的补光，实现作物早熟、优质和高产。

调温装备主要用来对植物进行加温，抵抗温度异常对植物带来的伤害，冬季主要是加热，夏季主要是降温。

采收装备主要是采用机器替代人工进行收获作业。利用机器视觉等方法，识别果实的生长部位，采用机械手进行精准采收。

1.2.3 按操作方式分类

按操作方式分类可分为单人操作、二人操作和多人操作。单人操作的装备多为手持的装备，对人工操作具有辅助的作用，能显著地提高作业的效率。二人操作的设备多为便携式装备，可以移动作业，通过二人的配合，能提高效率数倍。多人操作的装备多为流水线的装备，可实现大型基地的大规模高效生产。

1.2.4 按功能属性分类

按功能属性分类可分为生产属性、休闲属性和生态属性。生产属性指的是装备主要用来进行生产作业，产品主要由标准化的方式获得，并为农产品的销售服务，这些装备往往注重低成本和高效率。休闲属性指的是装备主要用来进行亲子活动、采摘休闲等，这些装备往往具有很前卫和美观的设计，外观和色彩吸引人。生态属性指的是装备主要用来进行科普展示，对公众爱护环境和保护自然进行教育，这些装备往往是采用绿色低碳技术，技术复杂，装备的技术门槛很高。每个属性都有其对应的细分市场。

1.3 发展

园艺装备从出现至今大致经历了人工化、半机械化、机械化、自动化、数字化、智慧化六个阶段，每个阶段都是社会劳动力成本和园艺产品价值之间的博弈。都市园艺装备随着城市化发展进程同步发展，受需求的引导，园艺智能装备发展不断加速。

1.3.1 社会老龄化需求

随着全球进入老龄化社会，年轻劳动力的逐步减少，尤其是农业劳动力的不断流失，导致都市园艺智能装备出现巨大缺口。社会老龄化导致"机器换人"成为必然的趋势，对于装备的发展起着决定性作用。

1.3.2 劳动力迁移需求

随着城市化的快速发展，农村适龄青年逐步朝着城市迁移，这导致传统农业发展面临劳动力极度短缺的严重问题，而都市农业产品成本中劳动力占比较高，如图1-8所示。诸多地理性标识产品面临无人工可用的问题，严重影响了优质农产品的可持续发展。目前，通过异地用工的方式，从相对落后地区引入劳动力暂时解决生产难题，但也面临交通成本、农忙人员紧张等突出问题，后续用工问题将更加困难。

图1-8　都市农业产品成本劳动力占比较高

1.3.3 食物安全高度重视的需求

随着经济社会的快速发展，人们追求健康生活的愿望不断增强，因此对健康食品的要求也越发强烈，更多精准化的技术手段、智能化的控制手段和智慧化的决策手段广泛应用于农业生产中。

1.3.4 休闲农业健康生活的需求

随着群众生活质量的不断提高，农业被赋予了休闲的功能，休闲农业作为一种新形态逐步发展起来。农业成为生活娱乐的重要组成部分，通过技术手段将农业生产和当今的自媒体结合起来，提供给人们互动的场景，已经越发被更多的人接受。

1.4 国内外现状

1.4.1 国内发展历程

国内都市农业智能装备的发展最早是从人工光栽培装备开始，通过栽培装置的创新带动新的栽培工艺，从而发展对应的智能装备。

国内有诸多研究单位开展了都市农业智能装备的研发和示范工作，建立了多个研究平台，见表1-1所示，这些研究平台为我国都市农业智能装备的产学研一体化发展提供了重要的科技支撑。

表 1-1　国内主要都市农业智能装备研发单位及平台

依托单位	平台名称
中国农业科学院都市农业研究所	⚓ 农业农村部智能园艺装备重点实验室 ⚓ 智能园艺机器人创新团队 ⚓ 设施园艺光生物学与光环境调控创新团队
北京市农业机械研究所有限公司	⚓ 北京市工厂化农业设施工程技术研究中心 ⚓ 北京市植物工厂工程技术研究中心 ⚓ 科技部国家级智能农装星创天地 ⚓ 北京市设施农业装备国际合作中心
北京农业智能装备技术研究中心	⚓ 国家农业智能装备工程技术研究中心 ⚓ 北京市农业智能装备重点实验室 ⚓ 中关村开放实验室
江苏大学	⚓ 现代农业装备及技术教育部重点实验室
浙江大学	⚓ 农业农村部设施农业装备与信息化重点实验室 ⚓ 农业农村部园艺作物生长发育重点实验室 ⚓ 浙江省农业智能装备与机器人国际科技合作基地 ⚓ 全国农业科研杰出人才及其创新团队（智能农业装备）

（续）

依托单位	平台名称
沈阳新松机器人自动化股份有限公司	⬥ 机器人国家工程研究中心 ⬥ 国家认定企业技术中心 ⬥ 博士后科研工作站 ⬥ 辽宁省先进机器人技术重点实验室
福建省中科生物股份有限公司	⬥ 博士后科研工作站 ⬥ 院士专家工作站
华北电力大学	⬥ 低品位能源多相流与传热北京市重点实验室
沈阳农业大学	⬥ 北方园艺设施设计与应用技术国家地方联合工程研究中心 ⬥ 设施园艺省部共建教育部重点实验室 ⬥ 辽宁省设施园艺重点实验室

　　国内的都市园艺智能装备起步较晚，但由于我国城市化发展很快，因此从 2000 年以后该领域的发展非常迅速，中国农业科学院都市农业研究所等科研院聚焦于关键技术的突破，研制的装备如图 1-9 所示。福建省中科生物股份有限公司等企业注重产品研发，装备如图 1-10 所示。我国产学研的深度融合使得产业链上智能装备的空白很快被填补。

图 1-9　中国农业科学院都市农业研究所研制的装备

图 1-10　福建省中科生物股份有限公司的装备

在探索与创新都市园艺智能技术和装备方面，中国已经走在前列，福建省中科生物股份有限公司 2018 年研发出国际首套自动化植物工厂系统，实现采收前的无人化作业；中国农业科学院都市农业研究所和新松机器人 2020 年开始进行 20 层无人化植物工厂研发工作；上海英植科技有限公司 2020 年研发出全自动升降种植系统，如图 1-11 所示。

图 1-11 上海英植科技有限公司研发的全自动升降种植系统

1.4.2 国外发展历程

国外都市农业发展以美国和日本为代表。美国重点发展大型植物工厂，美国都市农业装备如图 1-12 所示。日本主要是围绕大城市周边面向生产的植物工厂蓬勃发展，大规模地引入工业化生产流水线技术。日本都市农业装备如图 1-13 所示。

图 1-12 美国都市农业装备

图1-13　日本都市农业装备

日本、美国等对植物工厂装备投入很大，主要聚焦在播种、采收和搬运环节。

综上所述，都市园艺装备的发展和城市的快速发展密不可分，未来的都市农业装备也将在城市近郊快速发展起来，植物工厂作为该领域的代表产品，如图1-14所示，将极大地促进都市农业产业的发展。

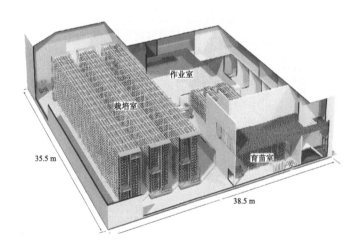

图1-14　植物工厂示意图

工厂化农业种苗生产装备

2.1 水培蔬菜种苗装备

水培蔬菜就是通过营养液的精准调控和自动循环，采用动态监控和间歇供液等方式促进植物根须健康生长，从而达到增产和增质的目的，整个过程属于劳动密集型，因此对智能装备有较大的需求。

2.1.1 自动化播种流水线

水培蔬菜栽培借助海绵进行保水，借助栽培篮子进行支撑，因此播种的对象从土壤换成了海绵，要把种子高效地放入海绵块中，还要确保种子在海绵中处于指定的位置、指定的深度，以此来确保种子遇水发芽的时候，长势一致，高度一致，提高种苗的商品率。

自动化播种分为输送、播种和移取 3 个步骤，自动化播种流水线作业流程图如图 2-1 所示。首先将栽培的海绵送到待播种的位置，然后圆柱形的播种机构对准海绵上面的十字切割口压下去，到达一定深度后，种子顺着圆柱形机构的内部空心管掉进去，同时播种机构拉出来，种子被海绵固定。最后将海绵一行行对准前移，直到全部播完后取出。图 2-2 为作者开发的针对水培蔬菜的自动化播种流水线。

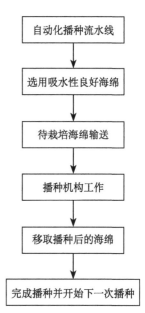

图 2-1 自动化播种流水线作业流程图

图 2-2　水培蔬菜自动化播种流水线

　　播种环节选用吸水性较好的海绵，预先对海绵进行切块，按照 2 cm 的规格切成正方形小块，不要完全切断，然后在正方形中心切一个深度 1 cm 的圆形凹槽，在凹槽的底部再切一个深度 0.5 cm 的"十"字形，底部留有 0.5 cm 不要切透，这样有助于种子放在一定的深度。图 2-3 是水培播种所用的海绵。

图 2-3　水培播种所用的海绵

　　自动化播种流水线采用模块化的结构，利于方便运输到田间地头进行现场作业。作者团队在四川、重庆等蔬菜基地进行了示范推广应用，田间作业精度和效率均满足了生产的需要，示范推广应用场景如图 2-4 所示。

图 2-4　示范推广应用场景

2.1.2 水培蔬菜嫁接装备

我国蔬菜连作现象较普遍，土传病害和连作障碍十分严重，阻碍了蔬菜产业的可持续发展。蔬菜嫁接苗是预防土传病害、克服连作障碍的一项有效技术措施，不仅可以改善根际微生物群落组成（覃仁柳，2021），提高种苗抗逆性（李刚，2021），还可以保持良种品质（翟福勤，2020），增加产量（吴烨，2020）。目前，我国每年的嫁接苗需求量约 500 亿株，这给育苗工厂带来前所未有的挑战（姜凯，2019）。传统人工嫁接耗时费力，难以保证较高的嫁接效率和成活率（李军，2016），在此背景下，研发自动嫁接装备成为行业亟须解决的问题。

日本是世界上进行蔬菜苗自动嫁接研究最早的国家，从 1986 年便开始嫁接机器人的研究。洋马、井关等日本公司开发了多款全自动或半自动的蔬菜苗嫁接机，这些装备嫁接效率在 600 株 / 小时以上，成功率大于 90%（张凯良，2017）。虽然日本嫁接机已进入实用阶段，但机器体积庞大、结构复杂、价格昂贵，无法适应我国国情。为满足国内急速增长的市场需求，科研人员对自动嫁接技术也做了广泛研究。北京农业智能装备研究中心研制出一款双臂蔬菜嫁接机。该机作业效率可达 800 株 / 小时，成功率为 95%（姜凯，2012）。但价格依旧昂贵，对于中小型育苗工厂而言购机成本很高。为研发低成本嫁接机，唐兴隆（2019）对蔬菜嫁接装置的结构、工作原理、质量效率等进行分析，开展了砧木、接穗切削、粘接试验。冯青春（2012）基于三菱 FX1N 系列 PLC 设计了自动嫁接机控制系统，可提供单步运行和连续运行两种工作模式。嫁接苗回栽质量水平与回栽装置设计有关，皇甫坤等设计一种集吸持和镇压于一体的回栽装置，并对回栽精度进行仿真分析（皇甫坤，2020）。

上述研究为小型、低成本蔬菜嫁接机的研发积累了丰富经验，但这些研究多处于理论（郝子岩，2020）和试验阶段（夏春风，2016）。机器易对秧苗造成机械损伤，作业稳定性不高，很难应用于实际作业等问题依旧是当前的行业痛点。针对这些问题，本文通过对人工嫁接过程中的关键动作及流程进行梳理分析，设计了一种基于气动驱动方式和可编程控制系统的卧式轻便型蔬菜嫁接机，旨在降低嫁接机成本，提高嫁接效率，解决秧苗损伤问题。

蔬菜嫁接方法较多，有针接法、斜接法、劈接法、套管法、靠接法等，嫁接效果除了受光照、温度等因素制约外，不同的嫁接方法影响差异也较显著。其中靠接成活率最高；斜接法比套管嫁接效率高；针接法抗病性好，嫁接后结的果实和未嫁接的果实在产量、糖度方面差异不显著（刘淑梅，2021）。然而，在砧木和接穗长势均匀的情况下，斜接法（图2-5）嫁接后切面贴合度好，操作流程简单，更适合机械装置操作。

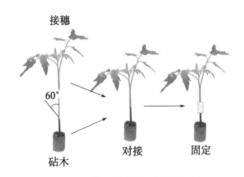

图2-5　蔬菜苗斜接法嫁接过程

斜接法手工嫁接操作步骤如图2-5所示，按照60°角度分别切削砧木和接穗，尽量保证接穗与砧木切面大小接近。将准备好的接穗苗与砧木苗切口对准贴合在一起，然后用嫁接夹夹住嫁接部位，固定牢固即可。按照手工嫁接流程可将嫁接机关键动作及工作流程梳理为：①放置砧木苗；②切削砧木；③推送砧木；④放置接穗苗；⑤切削接穗苗；⑥推送接穗使其与砧木对接并对齐；⑦用嫁接夹固定嫁接部位，并取走嫁接好的秧苗；⑧各部件复位，重复以上过程。

嫁接机结构设计紧扣农机农艺融合原则。斜接法嫁接过程首先需要对砧木和接穗单独处理，然后将两者进行对接固定。因此采用双向切割对接技术，将嫁接机工作部件分为左右两部分来分别完成砧木和接穗的夹持、切削动作，然后将其推送至中间进行对齐固定。如果秧苗采用竖直放置方式，在夹持秧苗时，夹持力过大将造成秧苗的机械性损伤，而夹持力过小秧苗在根系土块的重力作用下会出现松动下滑，造成砧木和接穗切面间隙变大而无法贴合。另外，竖直放苗时茎叶易遮挡视线，不利于操作员控制秧苗的放置位置和一次性精准完成放置动作。为解决该矛盾，将秧苗放置台设计为横卧式以供秧苗水平躺卧，并通过根系托盘来承载秧苗根系土块重量，这样更符合人体工学。卧式蔬菜嫁接机系统机构如图 2-6 所示，2 个推杆气缸分别安装在机架两端，在推杆顶端通过连接件固定气动夹。为实现秧苗横卧状态下的切割效果，2 个割刀气缸竖直向下安装，在推杆顶端安装有切割刀片。刀片正下方装有配合刃口尺寸的割台及秧苗根系托盘。

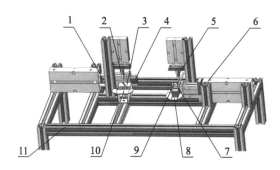

1. 砧木推杆；2. 砧木割刀；3. 砧木切割台；4. 砧木夹子；5. 接穗割刀；6. 接穗推杆；7. 接穗夹子；
8. 接穗根系托盘；9. 接穗切割台；10. 砧木根系托盘；11. 机架

图 2-6　卧式蔬菜嫁接机系统机构

　　气缸本身结构简单、工作可靠、无须复杂的参数计算和结构设计。本研究基于维护方便、机构简单、设计成本低的目的，选用气缸和气动夹作为嫁接机的直接执行机构。夹持与推送机构如图 2-7 所示，其中气动夹作为秧苗夹持装置，固定在推送气杆顶端。夹子工作气压范围为 0.1~0.7 MPa，尺寸为 75 mm × 25 mm × 50 mm，开闭行程 10 mm，闭合后两指间距为 16 mm。

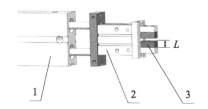

1. 推送气缸；2. 气动夹；3. 聚乙烯发泡棉垫块

图 2-7　夹持与推送机构

为弥补该间距以及确保秧苗柔性夹持效果，在上下指上分别固定 2 块柔软的聚乙烯发泡棉（EPE）垫块，这种材料材质柔软、韧性强、恢复性好。EPE 垫块夹持力过大会损伤秧苗茎秆，过小则夹持不稳定性。Wu 等（2021）研究发现，嫁接机夹持机构的最大夹持力不应大于 4 N。而夹持力大小与 EPE 垫块的厚度 L 有关，可根据式（1）计算适当的 L 值。

$$\varepsilon = \frac{\Delta L}{L_1 + \Delta L} \tag{1}$$

式中：ε——应变；

ΔL——EPE 垫块形变量，正值代表拉伸，负值代表压缩，单位为 cm；

L_1——EPE 垫块压缩后的厚度，单位为 cm。

$$\sigma = \frac{F}{A} \tag{2}$$

式中：F——EPE 垫块受植物茎秆的反作用力，单位为 N；

A——EPE 垫块与植物茎秆有效接触面积，单位为 m^2；

σ——应力，单位为 Pa。

$$E = \frac{\sigma}{\varepsilon} \tag{3}$$

式中：E——EPE 垫块弹性模量，由文献（霍银磊，2007）可知 EPE 材质的弹性模量为 100 kPa。

联立式 (1) 至式 (3) 可得：

$$\Delta L = \frac{F \cdot L_1}{A \cdot E - F} \tag{4}$$

根据式（4）计算可知，在满足 EPE 垫块对番茄秧苗夹持力为 4 N 的条件下，单侧 EPE 垫块的压缩量为 2 mm，因此在 EPE 垫块厚度弥补气动夹两指间隙的同时，单侧总厚度设计为 10 mm，然后对 EPE 垫块进行秧苗夹持测试，得出其厚度为 10 mm 时既能夹紧秧苗又不至于夹伤秧苗。

然后根据式（5）计算执行气缸的推力，并结合实际作业阻力效果完成气缸选型。

$$F = \frac{\pi}{4} D^2 p \tag{5}$$

式中：F—— 推力，单位为 N；

　　　　D——缸径，单位为 mm ；

　　　　p——气缸的工作气压，单位为 MPa。

　　经测试满足使用要求的气缸选型如下：其中推送气缸为双杆气缸，行程为
125 mm，工作气压为 0.1~0.6 MPa，尺寸为 175 mm×25 mm×80 mm。割刀
气缸行程为 20 mm，工作气压为 0.1~0.6 MPa，尺寸为 66 mm×17 mm×42 mm。
为保证粗细不一的秧苗茎秆切割时的完整性，刀片刃长不宜过短，此处设计为
20 mm，刀刃厚 2 mm。根据农艺切割要求，刀片安装角度相对于秧苗茎长方向
倾斜 30°。在刀片正下方装有与刀片参数相配合的切割台，切割时为避免割刀固
定板和割台发生碰撞干涉，割台设计有长孔可上下浮动安装。秧苗切割机构如
图 2-8 所示。

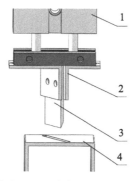

1. 割刀气缸；2. 固定板；3. 刀片；4. 切割台

图 2-8　秧苗切割机构

　　嫁接机采用半自动作业方式，需要人工将秧苗按照特定姿态放置于操作台
上，然后触发传感器来启动后续夹持、切削、推送等工序。具体工作方式：操作
员确定砧木切割部位，将其平放在砧木操作台的光电开关卡槽里以触发开关，之
后用夹子夹持砧木苗，割刀垂直完成切割，推杆将砧木向前推送。以同样的工序
完成接穗苗的放置、夹持、切割，然后推杆向前推送接穗苗，使其与砧木进行对
接贴合。最后，人工使用夹子完成砧木—接穗固定，松开夹子，操作员取走嫁接
苗，割刀、推杆全部复位，等待下一次嫁接操作。

　　动力系统方面，本机设计采用气动驱动方式。与电动推杆、丝杆等元器件相
比，气动系统具有动作迅速、平稳等优势，且控制简单（计艳峰，2016），气动
系统需要 4 个双杆气缸和 2 个气动夹。其中气动夹用于夹持秧苗，夹持力 42 N。

气缸用于砧木、接穗切削和推送对接，其中推送气缸推力为 196 N，割刀气缸推力为 82 N。每个气动元器件装有 2 个单向节流阀，用于调节气缸伸缩速度。为了实现嫁接机的自动化作业，使用 6 个二位五通电磁阀对气缸进行控制。气动系统原理如图 2-9 所示，根据各个气动元件的工作气压要求，以及不同气压下的气缸工作效果测试结果，确定系统的额定工作气压为 0.60~0.65 MPa。

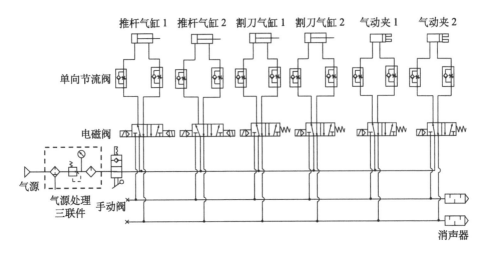

图 2-9 气动系统原理

控制系统方面，需要根据信号输入，按照作业流程进行指令输出，以驱动继电器和电磁阀开闭，从而实现气动元件按预定时序动作。控制系统硬件包括中央控制单元、输入模块、输出模块和电路保护元件 4 部分。PLC 内部集成的定时器、计数器、辅助继电器及触点大大减少了电气元件的使用，降低接线的复杂度（尹权，2017；王哲禄，2016）。综合考虑嫁接机工作方式、开发周期、I/O 口数量等因素后选用欧姆龙 PLC（CP1E-E40SDR-A）作为中央控制单元。该控制器有24 个输入端口和 16 个输出端口，工作电压为 110~220 V。电路设计接线示意图如图 2-10 所示，220 V 电源经过断路器后给 PLC 控制器供电，并通过变压器降压为 24 V 后为其他元器件供电。PLC 输入端与输入模块连接，主要为光电开关、磁性开关及按钮，传感器工作电压为 24 V。输出端与输出模块连接，包括工况指示灯、中间继电器和电磁阀。中间继电器与电磁阀连接，起远程开关作用，基于 PLC 通断信号控制电磁阀的开闭。表 2-1 为 PLC 输入输出端口分配情况。

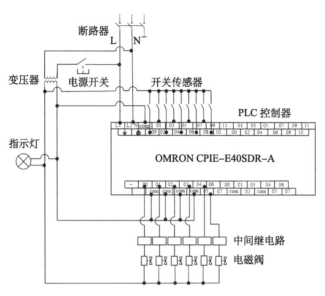

图 2-10　电路设计接线示意图

表 2-1　PLC 输入输出端口分配

输入		输出	
输入量	端子	输出量	端子
光电开关 1	0.00	夹子 1	100.00
光电开关 2	0.01	割刀 1	100.01
割刀开关 1	0.02	推杆 1	100.02
割刀开关 2	0.03	夹子 2	100.03
推杆开关 1	0.04	割刀 2	100.04
推杆开关 2	0.05	推杆 2	100.05

　　软件设计要实现自动化和可靠性。控制系统采用梯形图编译程序，使用 CX-Programmer 软件编写、调试和下载程序模块，程序设计软件界面如图 2-11 所示。根据检测内容需求和系统工作运行要求，程序编写采用模块化设计思想。嫁接机控制流程如图 2-12 所示，工作时打开启动按钮，U 型槽光电开关 1 开始检测卡槽处是否有接穗苗，若没有接穗苗则重复进行检测，若有接穗苗则输出控制信号接通中间继电器，进而控制电磁阀使气动夹 1 闭合；闭合动作触发割刀磁性开关，以相同原理驱动割刀 1 气缸垂直向下伸出进行剪切后立即缩回；剪切动作继而触

发推送气缸磁性开关，推杆气缸 1 伸出将切削好的秧苗推向中间。此时，U 型槽光电开关 2 检测卡槽处是否有砧木苗，按照同样的流程控制气动夹 2 闭合，割刀气缸 2 和推杆气缸 2 伸出。在推杆气缸 1 和推杆气缸 2 均伸出时系统开始计时 5 s，等待人工固定；定时器时间到，夹子 1 和夹子 2 张开，推杆 1、推杆 2 缩回，嫁接流程完毕，系统全部复位，进行下一轮检测。

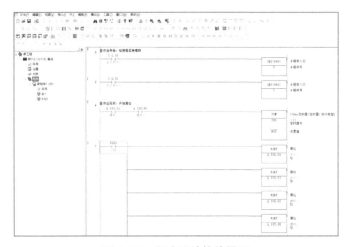

图 2-11　程序设计软件界面

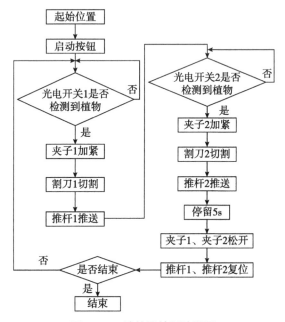

图 2-12　嫁接机控制流程图

完成嫁接机设计和样机试制后，对其成本进行核算。其中直接材料费用4 500元，直接人工费用15 000元，制造费用800元，辅助生产费用450元，总设计成本为20 750元。与市场现有嫁接机相比，卧式嫁接机成本显著降低，可为中小型育苗基地和种苗生产农户节省生产成本。

试验研究的目标是验证装备设计的合理性，确定是否满足实际生产的需求。为验证卧式蔬菜嫁接机工作效率和性能，对其进行嫁接测试。嫁接机工作电压220 V，气压0.6 MPa。试验对象为茄子秧苗，平均株高18 cm，长势均匀、健康。将60株秧苗随机分成3组，在熟练操作下进行嫁接试验。记录每组秧苗完成嫁接所需的时间，并将其转换为嫁接效率（株/小时）。每组测试完成后统计嫁接苗成功数量和损伤数量。嫁接成功的具体技术要求为砧木—接穗紧密贴合；嫁接苗无明显损伤；夹子固定紧密，嫁接苗无明显错位（李伯康，2016）。损伤主要查看砧木和接穗是否出现茎秆压扁、伤残等情况。

嫁接机操作过程中共2人参与，卧式蔬菜嫁接机测试现场如图2-13所示，其中1人操作嫁接机，1人负责供给砧木和接穗，并运走嫁接苗。

图2-13　卧式蔬菜嫁接机测试现场

通过结果分析，确定装备的设计达到预期目标。测试完成后计算每组试验的嫁接效率、嫁接成功率和秧苗损伤率，嫁接机数据统计见表2-2。成功率为秧苗嫁接成功的数量占总嫁接苗数量的比率，损伤率为损伤秧苗数量占总嫁接苗数量的比率。

表 2-2 嫁接机数据统计

指标参数	1组	2组	3组	平均值
嫁接株数（株）	20	20	20	20
嫁接效率（株/小时）	345	350	348	348
嫁接成功数（株）	20	17	19	18.6
成功率（%）	100	85	95	93.3
损伤株数（株）	0	0	0	0
损伤率（%）	0	0	0	0

由表 2-2 可知，卧式蔬菜嫁接机平均作业效率为 348 株/小时，平均嫁接成功率为 93.3%，损伤率为 0%，说明该嫁接机工作性能较为稳定，对秧苗无损伤，可满足实际作业需求。

作者团队设计的蔬菜嫁接机采用气动驱动方式，工作气压一定程度上决定了割刀切割速度的快慢和动作的刚柔度，而切割速度快慢与动作刚柔度会影响秧苗茎秆切面的平整度，这对砧木—接穗贴合效果和嫁接苗的成活率有影响，而此次试验主要测试了嫁接机的效率和性能，没有研究不同工作气压下的秧苗切割面平整度情况，因此这是未来工作重点。另外，刀片切入角决定了其受力特征，不同的切入角将产生什么样的秧苗切割效果？斜接法的秧苗斜切角度决定砧木—接穗拼接时公共区域长度，该区域最佳长度为多少时可以保证砧木和接穗贴合的面积最大，从而提高嫁接苗成活率。同时，砧木—接穗拼接的公共区域长度对人工用夹子一次完成固定动作的成功率有何影响？这些知识目前仍然未知，因此下一步工作亟须围绕这些方面展开研究，以填补理论知识空白，进一步提升嫁接机性能。

综上所述，蔬菜嫁接苗是预防土传病害，克服连作障碍的一项有效技术措施。为解决人工嫁接效率低、作业质量不稳定、人员管理困难等一系列问题，特设计了一种卧式蔬菜嫁接机。该机采用气动驱动系统和 PLC 控制方式实现蔬菜秧苗的自动夹持、切割和对接动作。试验结果表明，嫁接机平均作业效率为 348 株/小时，平均嫁接成功率为 93.3%，嫁接苗零损伤。该机工作性能稳定可靠，总成本与市场现有嫁接机相比显著降低，因此可为中小型育苗基地和种苗生产农户提供技术支撑的同时节省生产成本，为农业机械化辅助装置的研发和应用提供参考。

2.1.3 移栽定植机器人

温室栽培是我国反季蔬菜主要生产方式，据行业统计，2018 年全国温室蔬菜产量占当年蔬菜总产量的 30%（农业农村部，2021）。穴盘育苗技术在温室生产中应用规模日益广泛（郝炘，2019），当育苗盘中的幼苗生长至一定阶段，需要将其移植到低密度穴盘中，以满足钵苗生长发育需求。移栽苗能有效缩短作物生长发育周期，提高产量（毛灿，2020）。但人工移栽工作强度大、效率低、成本高（杨先超，2022），且栽植质量无法保证（马锟宏，2015），所以，机械化移栽是未来的发展趋势。

取苗器作为温室穴盘苗移栽机末端执行机构，用于实现钵苗的抓取、移动和释放等动作，其设计合理性直接影响移栽机的作业质量和效率（王超，2021）。Choque 等（2019）提出一种四针式取苗器，通过舵机和丝杆结构驱动移栽针在针筒中完成升降动作，但取苗速度较慢。Jiang 等（2017）在此基础上采用气缸驱动方式，并利用传感器系统监测分析了基质与孔穴间的黏附力和取苗时基质所受的挤压力。Jorg（2021）和 Li 等（2019）设计的针型取苗器抓取方向与孔穴棱角不平行，移栽时基质块完整率不高，只适合具有高硬度和强凝聚力的基质块。Han 等（2019）采用 4 个气缸分别控制取苗器四根钢针的伸缩，并测试了钢针的插入深度、工作压力等因素对移栽成功率的影响。这些文献中提及的取苗器结构设计复杂，体积较大，对保持基质完整性未予以足够关注，且研究方法多以试验为主，费时费力，不易取得理想效果。

移栽过程中基质块完整性对保护钵苗根系、提高移栽成活率至关重要。基质属于离散状，虽然在苗盘孔穴束缚下形成固定形状，但在取苗器作业过程中基质原有的稳定形态很容易遭到破坏。为此，本书提出一种四针式取苗器，借助 EDEM 软件对其抓取基质的过程进行离散单元仿真分析，并利用 Design_expert 软件对取苗器技术参数进行优化设计，最后通过试验方法验证新型取苗器的移栽取苗效果，以期改善作业质量。

取苗器结构设计是关键的环节。取苗器结构如图2-14 所示，采用抓取较为稳定的四针型设计，主要包

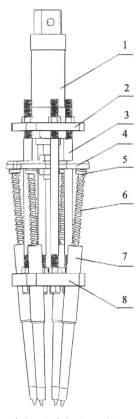

1.气缸；2.气缸座；3.螺杆；
4.压板；5.钢针；6.弹簧；
7.导管；8.固定板

**图 2-14　新型温室穴盘苗
移栽机取苗器**

括气缸、气缸座、螺杆、压板、钢针、弹簧、导管、固定板。气缸通过螺杆和螺栓固定在气缸座上，气缸推杆与压板连接。导管与固定板固结在一起，钢针上端安装有弹簧，并在导管中滑动。移栽作业时，取苗器移动到高密度苗盘及靶标钵苗正上方预定位置，气缸推杆驱动压板下压钢针使其插入钵苗基质块内部，然后取苗器整体上移，向上提拔完成取苗动作。当取苗器移动到低密度苗盘及目标孔穴正上方时，气缸推杆及压板缩回，钢针在弹簧弹力作用下向上收缩，利用导管下端面的反推力将基质块从钢针上捋下，完成钵苗释放动作。该设计的优点在于钢针插入基质时，随着弹簧被压缩产生的弹力不断加大，钢针插入基质块的加速度逐渐变小，在孔穴底部运动停止，反向向上提升时有利于形成速度缓冲，避免巨大的速度冲击造成基质块破损。

取苗器运动学分析有助于提高装备的作业质量。取苗器设计重点在于从苗盘孔穴中抓取尽可能多的基质。图 2-15 显示了多针取苗器抓取幼苗的整体几何尺寸关系。

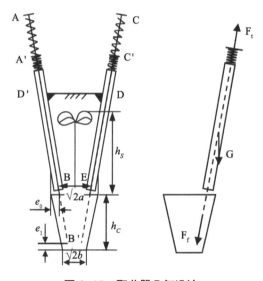

图 2-15 取苗器几何设计

为了最大程度保持根系基质块完整性，钢针应尽可能紧贴孔穴边缘，同时深入孔穴底部。因此，最佳方法为钢针与孔穴棱角线保持平行，以便其以最大的插入深度抓取更多的基质。为防止钢针干扰育苗盘框架，其开口必须小于孔穴网格宽度。研究表明 e_0 最佳值为 2~3 mm（Choi，2002），因此，两钢针入土前开口

L_{BE} 比孔穴网格宽度小 4~6 mm。同时为避免钢针破坏穴盘及保护底部的钵苗密集根系，钢针插入后针尖到孔穴底部应留有一定空间 e_1。根据图 2-15 中几何关系，可以确定钢针初始开口和插入深度，如公式（6）所示。

$$L_{BE} = \sqrt{2}a - 2e_0$$
$$L_{BB'} = \sqrt{\frac{(a-b)^2}{2} + (h_c - e_1)^2} \tag{6}$$

式中：L_{BE} 为钢针开口宽度；

　　　$L_{BB'}$ 为钢针插入基质的深度。

导管主要用于引导钢针伸缩方向。移栽过程中为确保钵苗植株茎干、叶片有足够的容纳空间而不受机械损伤，导管长度设计需要考虑植株的高度。不同蔬菜幼苗移栽高度不同，实际操作中很难满足所有钵苗的尺寸要求。因此，以最常见的番茄苗、辣椒苗和黄瓜苗等尺寸要求为参考，设计圆柱导管的长度 L_{DE} 见公式（7）。

$$L_{DE} = \frac{h_s}{h_c} \times \sqrt{\frac{(a-b)^2}{2} + h_c^2} \tag{7}$$

由公式（7）计算出的导管长度为临界值，如果连接颈 DD′ 恰好位于 DE 的上端，则结构稳定性较差，所以设计时适当向上延长导管 L_{DE} 的长度。

钵苗释放时，取苗器的气缸推杆驱动压板缩回，此时在顶部弹簧弹力作用下将钢针收回，从而撸下基质块。要满足该工作要求，弹力 F_t 必须克服钢针的重力 G 垂直分量和基质块的摩擦阻力 F_f。Jiang（2017）等研究发现，钢针插入基质后所受的挤压力在 9.45~18.67 N，由此可计算拔出时所受的摩擦力。根据方程组式（8）计算的弹力 F_t 与上述阻力之和进行比较，选定满足符合作业要求的弹簧型号。

$$F_t = k \cdot s$$
$$k = \frac{GD}{8nC^4} \tag{8}$$

式中：F_t——工作载荷，单位为 N；

　　　s——弹簧压缩量，单位为 mm；

　　　k——弹簧刚度，单位为 N/mm；

　　　D——弹簧中径，单位为 mm；

　　　C——旋绕比；

n ——有效圈数；

G ——材料切变模量，单位为 MPa。

如图 2-15 所示，钢针插入基质的深度和弹簧的压缩量 s 值大小一致。在选定弹簧参数后，根据公式（9）可以计算压缩弹簧所需的推力 F，以此为依据选择气缸参数及型号。

$$L_{BB'} = L_{AA'} = s = \frac{8 \cdot F \cdot n \cdot D^3}{G \cdot d^4} \qquad (9)$$

离散元仿真建模是一种探究智能装备工程机理的重要手段。首先对运动机构建立模型。该模型主要用于钢针拔取钵苗时的基质损失情况离散元仿真分析，因此对取苗器结构进行必要简化，通过三维制图软件 Solidworks 完成钢针、固定板及苗盘孔穴的三维实体建模并装配，以 *.igs 文件格式导入 EDEM 软件中，取苗器简化结构模型如图 2-16 所示。其中，苗盘孔穴规格为上孔径 × 下孔径 × 深度为（23 mm×23 mm）×（11 mm×11 mm）×42 mm 的四棱台，且下底面中心有一个半径为 2 mm 的渗水圆孔。

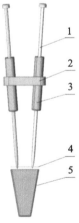

1. 钢针；2. 固定板；3. 导管；4. 颗粒生成表面；5. 苗盘孔穴

图 2-16　取苗器简化结构模型

基质颗粒建立模型。基质颗粒模型对仿真结果的准确性十分关键。以市场上最常见的育苗基质配方为对象进行不同颗粒建模，基质成分包含泥炭、珍珠岩和蛭石，配制比例为 3∶1∶1。颗粒几何形状建模根据颗粒实际情况展开。研究表明泥炭颗粒基本结构主要为块状、核状和柱状颗粒（王燕，2014；徐勤超，

2020)。而珍珠岩和蛭石为不规则的块状和片状（皇甫坤，2020）。基于上述特征建立的育苗基质成分颗粒模型如图 2-17 所示。

实际移栽过程中穴盘孔穴中除了基质外还有钵苗根系部分，根系分布复杂，很难对其建模并利用离散元法进行仿真。根系对钵苗基质块主要起紧固内聚作用，使其不易破碎分散，因此，进行基质颗粒建模时，通过提高它们的黏结性来体现钵苗根系对基质的紧固力。颗粒工厂参数中的接触表面能反映颗粒的黏性水平，数值越大，黏性越强；接触弹塑比代表颗粒接触弹塑性水平，1 为完全塑性，0 为完全弹性。根据文献（高国华，2017），设置泥炭颗粒接触表面能为 20 J/m^2，颗粒接触弹塑比 0.6；珍珠岩颗粒接触表面能 12 J/m^2，颗粒接触弹塑比 0.9；蛭石颗粒接触表面能 8 J/m^2，颗粒接触弹塑比 0.8。

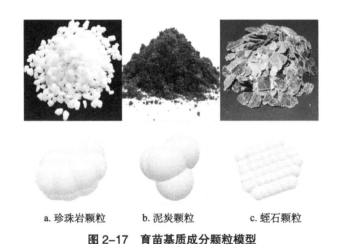

a. 珍珠岩颗粒　　　　b. 泥炭颗粒　　　　c. 蛭石颗粒

图 2-17　育苗基质成分颗粒模型

最后进行仿真参数设置。在 EDEM 前处理器模块依次进行育苗基质颗粒模型、几何模型、颗粒工厂、运动学参数及仿真参数等设置。由于属于腐殖土类型的基质颗粒之间存在一定黏性，本文选择黏结力弹塑性模型（elasto-plastic contact model，ECM）作为基质颗粒的接触模型。ECM 模型允许颗粒接触过程中发生重叠现象，使其在接触时可以体现出弹性及塑性变形，因此更加接近实际情况（马帅，2020；王宪良，2017）。颗粒参数包括密度和剪切模量等，其测量方法有环刀法测量密度、直剪试验和三轴试验(冯天翔，2016)，为节省时间成本，根据高国华等（2017）测量获得的不同颗粒物理参数进行仿真分析，如表 2-3 所示。为使颗粒粒径更接近真实状态下的形态，颗粒工厂生成粒子时，将颗粒粒径大小在实际范围内设为随机分布（全伟，2020）。最后根据仿真需求设置取苗器运动轨迹、初始速度、加速度等运动学参数。在 EDEM 求解器模块设置仿真步长 10^{-6} s，数据保存间隔时间 0.01 s，计算域网格尺寸 2.5 R。仿真开始后先生成基质颗粒并填满孔穴，待其沉降稳定后，钢针开始入土取苗，仿真结束后利用后处理模块对结果进行分析和显示。

表 2-3　离散单元仿真的参数

参数	数值
泥炭泊松比	0.4
泥炭剪切模量（Pa）	1×10^7
泥炭密度（kg/m³）	7.5×10^2
穴盘单元格泊松比	0.42
穴盘单元格剪切模量（Pa）	1.06×10^9
穴盘单元格密度（kg/m³）	1.9×10^3
钢针泊松比	0.3
钢针剪切模量（Pa）	7×10^{10}
钢针密度（kg/m³）	7.8×10^3
珍珠岩泊松比	0.25
珍珠岩剪切模量（Pa）	1×10^7
珍珠岩密度（kg/m³）	2.3×10^3
蛭石泊松比	0.3
蛭石剪切模量（Pa）	3.2×10^6
蛭石密度（kg/m³）	2.55×10^3
重力加速度（m/s²）	9.81

仿真及参数优化设计可以显著提高仿真的质量。先确定参数范围。仿真前通过预试验和实地调查总结出，取苗器作业过程中影响钵苗基质块完整性的主要参数如下。

（1）钢针直径

理论上，钢针径粗过大，插入基质时与基质相互作用产生的挤压力大于基质颗粒和根系的内聚力，进而会撕碎基质块；钢针直径过小则容易发生形变，不利于钵苗加持和拔取。根据传统移栽经验，钢针直径取值范围为 1~3 mm。

（2）插入深度

移栽作业时，钢针插入基质的最佳深度与苗盘孔穴深度密切相关。钢针插入深度不足，拔取钵苗时会出现孔穴底部的基质块断裂现象；相反，如果钢针触到孔穴底部，不仅会对底部密集根系造成机械损伤，而且快速冲击可能会损坏穴盘。以研究中使用的穴盘孔穴深度（42 mm）为参考，钢针插入深度取值范围设为 30~40 mm。

（3）插入 / 起拔速度

前期预试验结果表明，钢针插入 / 起拔速度对钵苗基质的完整性具有一定影响，经过试验测定，插入 / 起拔速度选择取值范围为 0.1~1 m/s。

具体的仿真方案如下：基于 Box–Behnken 响应曲面法设计仿真方案，并对基质起拔完整率的影响因素进行优化。响应曲面法设计的采样点均匀，运行成本比相同数量因子的设计低（刘坤宇，2021）。作为建立过程模型和过程优化的系统方法，适合连续因素变量的研究（徐雪萌，2019）。取苗器成功拔取的基质质量与孔穴中基质颗粒的总质量之比可用来区分不同作业工况对基质拔取效果的影响，因此将基质块完整率作为仿真试验指标。利用 EDEM 仿真分析模块中的质量传感器分别对取苗器起拔成功的基质质量和遗留在孔穴中的基质质量进行测量，然后根据公式（10）计算基质完整率 W（Wang，2021）。利用 Design–expert 11.0 根据因素水平编码表（表 2-4）编制仿真方案。

$$W = \frac{m_v}{m_v + m_c} \tag{10}$$

式中：W——基质完整率，单位为 % ；

　　　m_v——取苗器起拔成功的基质质量，单位为 g ；

　　　m_c——遗留在孔穴中的基质质量，单位为 g 。

表 2-4　因素水平编码

水平	因素 Factor		
	钢针直径 X_1（mm）	插入深度 X_2（mm）	插入 / 起拔速度 X_3（m/s）
−1	1	30	0.1
0	2	35	0.55
1	3	40	1.0

进一步开展参数优化设计及试验。以基质块完整率 W 最大为原则，设定钢针直径 X_1 为 1~3 mm，插入深度 X_2 为 30~40 mm，插入 / 起拔速度 X_3 为 0.1~1 m/s，对取苗器抓取过程中的基质完整性进行有约束目标最大化优化，设定基质

完整率区间在 75%~100%，得到优化目标函数及约束条件，如公式（11）。

$$W = max[Y] = max\left[f(X_1, X_2, X_3)\right]$$

$$s.t. \begin{cases} 1 < X_1 < 3 \\ 30 < X_2 < 40 \\ 0.1 < X_3 < 1 \end{cases} \tag{11}$$

为进一步验证优化后的组合参数的正确性及其作业效果，根据优化结果加工取苗器样机，使用 3D 打印机打印取苗器导管、气缸座等零件，完成钢针、气缸安装。设计取苗器控制气动系统，利用气缸调流阀方式实现钢针插入/拔取速度的调节，经过测试系统工作气压设为 0.6 MPa。移栽对象为实验室环境下栽培的辣椒苗（品种为蜀中秀），生长周期 45 天，平均株高 25 mm，栽培基质为泥炭、珍珠岩和蛭石，三者按照配比 3：1：1 均匀混合，基质含水率为 75%。试验时使用天平称量成功拔取的基质重量和残留在苗盘孔穴中的基质重量，通过计算后得出基质块完整率。取苗器试验平台如图 2-18 所示。

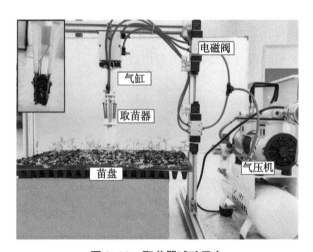

图 2-18　取苗器试验平台

将理论研究和试验研究对比分析。基于离散元的取苗器作业过程仿真结果如表 2-5 EDEM 仿真实验结果所示，仿真中出现的基质破损和断裂现象如图 2-19 所示，该结果与实际移栽过程中钵苗基质块出现的破碎、断裂情况一致。

表 2-5　EDEM 仿真实验结果

序号	钢针径粗 X_1（mm）	插入深度 X_2（mm）	插入/起拔速度 X_3 speed（m/s）	完整率 W（%）
1	2	35	0.55	79.45
2	2	30	1	58.38
3	3	40	0.55	86.51
4	3	35	1	74.45
5	2	35	0.55	68.91
6	2	35	0.55	74.52
7	1	35	1	71.34
8	2	40	1	88.45
9	1	40	0.55	88.76
10	1	30	0.55	53.08
11	2	35	0.55	58.81
12	2	30	0.1	70.87
13	3	35	0.1	74.81
14	2	40	0.1	73.66
15	1	35	0.1	81.16
16	2	35	0.55	64.82
17	3	30	0.55	38.14

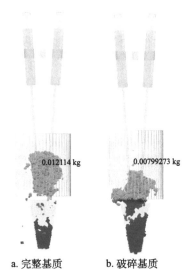

a. 完整基质　　　b. 破碎基质

图 2-19　不同基质完整度对比

根据表 2-5 中的仿真实验结果，利用 Design-expert Version 11.0 对其分析。通过软件中的 Fit Summary 模块对模型做不同种类的拟合，最终基于建议的线性模型完成方差分析，结果如表 2-6 所示。模型的 P 值为 0.0043<0.05，说明模型显著并且有效。而失拟项 P 值为 0.4061>0.05，说明模型的拟合度高，误差较小。由方差分析可知，在取苗器作业过程中影响基质块完整率的几个因素中钢针插入深度 X_2 的 P 值为 0.0005<0.05，说明该因素对基质完整率影响显著，而钢针径粗 X_1 和插入 / 起拔速度 X_3 不显著。试验因素对指标的贡献度由 F 值来确定，F 值越大说明该因素对指标的贡献度越大（姚森，2020）。因此，各因素对基质块完整率的影响大小顺序为钢针插入深度 > 钢针径粗 > 插入 / 起拔速度。

表 2-6　基质块完整率回归模型方差分析

来源	平方和	自由度	均方	F 值	P 值
模型	1768.43	3	589.48	7.20	0.0043
X_1	52.17	1	52.17	0.64	0.4390
X_2	1708.49	1	1708.49	20.87	0.0005
X_3	7.76	1	7.76	0.09	0.7630
残差	1063.98	13	81.84		
失拟项	803.44	9	89.27	1.37	0.4061
误差	260.53	4	65.13		
总和	2832.41	16			

为进一步研究取苗器钢针径粗和插入 / 起拔速度是否和显著因素插入深度有交互作用，绘制相应的响应面图。由图 2-20a 可知，插入 / 起拔速度和深度有一定交互作用，随着速度和深度越大，基质块的完整率随之增加。由于取苗器钢针插入角度与四棱台孔穴棱角朝向一致，钢针插入越深，四根钢针尖端间距越小，对基质块的夹持作用和力度也越大，因此抓取的基质越多。同时，在钢针插入基质较浅时，其动作速度不宜过快，否则在抓取不牢固的情况下更容易撕裂基质而导致抓取效果不佳。反之，钢针插入孔穴越深时其动作速度对基质块的完整性影响明显降低，即插入 / 起拔速度为 1 m/s 也能保证基质较高的完整度。从侧面说明，钢针入土深度大时，既能保证基质完整率，也可有效提高作业效率。根据图 2-20b 可知，钢针径粗和插入深度没有交互作用，钢针径粗在 1~3 mm 内变化未对基质块完整率产生明显影响。说明钵苗生长至一定阶段后，较为发

达的根系和较高的含水率为基质提供的内聚力足以克服钢针插入时所产生的挤压力。

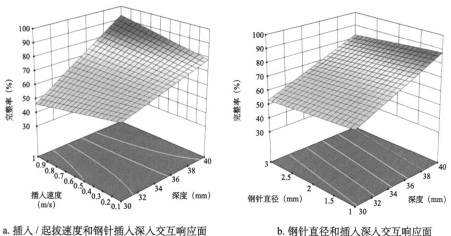

a. 插入／起拔速度和钢针插入深入交互响应面　　　b. 钢针直径和插入深入交互响应面

图 2-20　因素交互作用响应面分析

继续对仿真过程的参数优化。使用 Design-Expert Version 11.0 软件对仿真结果进行优化，选取第一组优化值，即钢针径粗为 2.99 mm，插入基质深度为 39.97 mm，插入／拔取速度为 0.99 m/s，在此条件下获得的最大基质块完整率为 89.10%。考虑到取苗器样机实际加工精度和作业过程中参数控制精度无法精确到两位小数，因此将参数结果进行取整，即钢针径粗为 3 mm，插入基质深度为 40 mm，插入／拔取速度为 1 m/s。

根据优化结果对取苗器作业效果进行试验研究。在苗盘中随机选择一株辣椒苗进行抓取，并计算基质块的完整率，试验重复 9 次。结果如表 2-7 所示，基质块最大完整为 87.34%，平均完整率为 76.05%。对比仿真优化结果与试验结果，发现相对误差为 1.98%~29.45%。

表 2-7　取苗器抓取测试结果

序号	抓取质量（g）	遗留质量（g）	完整率（%）
1	3.52	1.64	68.22
2	3.98	1.24	76.25
3	3.64	1.33	73.24

（续）

序号	抓取质量 （g）	遗留质量 （g）	完整率 （%）
4	4.47	1.22	78.56
5	4.69	0.68	87.34
6	2.64	1.21	68.57
7	3.08	1.82	62.86
8	3.95	0.63	86.24
9	3.71	0.75	83.18
均值	3.74	1.17	76.05
标准偏差	0.64	0.42	0.09

　　虽然作业效果达到了设计预期目标，但少数钵苗抓取后的基质块完整率与优化结果仍存在不小误差。对基质完整率较低的钵苗根系清洗后发现，较大的抓取误差仅存于长势较弱的钵苗，这些幼苗根系不发达，须根数量少，不同基质对应的钵苗根系对比如图 2-21 所示，抓取效果最差的钵苗甚至只有一根主根。对不同的基质块所对应的钵苗根系进行对比，发现随着钵苗的根系越发达，取苗器抓取的基质块也越多。原因在于发达的根系在孔穴中延伸的空间较大，渗透范围广，对基质起固定作用，从而有效提高了基质块内聚力，抓取时不易破损。由此看来，用于本次试验的钵苗长势不均是造成少数试验误差偏大的原因。这也从侧面说明，温室穴盘苗移栽机械化发展应注重农机农艺相融合，在研发移栽机械的同时应采用科学的栽培和管理技术（田志伟，2022），确保移栽苗健壮和长势均衡。

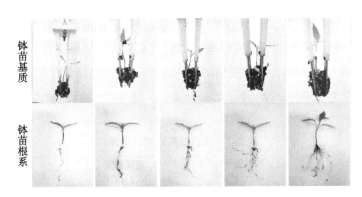

图 2-21　不同基质对应的钵苗根系对比

　　综上所述，采用 ECM 黏结力弹塑性颗粒接触模型作为育苗基质的颗粒接触模型，建立多种不同材料属性的育苗基质颗粒来模拟接近真实的育苗基质环境，并基于 EDEM 离散元方法对新型针式取苗器不同钢针径粗、插入深度、插入 / 起拔速度对钵苗基质完整率的影响规律进行研究和优化，长期生产实践中发现以下规律：①钢针插入深度对基质块的完整率有显著影响，并且插入深度和插入 / 起拔速度有一定交互作用，而和钢针径粗没有交互作用。各因素对基质块完整率的影响顺序为钢针插入深度 > 钢针径粗 > 插入 / 起拔速度。基于仿真结果优化后的取苗器参数为钢针径粗 3 mm，入土深度 40 mm，插入 / 起拔速度 1 m/s，此时基质块完整率为 89.10%。②该新型取苗器移栽时的钵苗基质块最大完整率为 87.34%，平均完整率为 76.05%，与优化结果相对误差范围为 1.98%~29.45%。少数试验误差偏大的原因在于试验用钵苗长势不均。因此，穴盘苗机械化移栽应注重农机农艺相融合。③基于 EDEM 离散元仿真方法解决钢针—离散基质交互问题是可行的，能快速有效完成相关问题的分析论证，实际作业效果图如图 2-22 所示。

图 2-22　实际作业效果图

　　该研究很有意义，为开发移栽机器人提供了理论支撑。在成都周边的蔬菜基地进行基质苗移栽作业，表明这种机械手能较好地完成移栽作业。

2.2　水培中药种苗装备

2.2.1　川芎育苗装备

　　川芎是伞形科藁本属植物，是一种重要的药用植物。川芎栽培在我国有悠久的历史，主要的道地产区在四川周边（常新亮，2007），产量占到全国产量的80% 以上。川芎栽培集中化和快速化发展的同时，也存在种植分散、管理不规范等问题。据统计，目前川芎主产区以散户小面积种植居多，种植方法各异，川芎产量与质量参差不齐（陈媛媛，2018）。

　　设施无土栽培可以精准实现营养调控，相对传统的栽培，能生产出内在质量更好、药效更高、无公害的绿色药材，这种设施栽培的方式更符合中药材 GAP 生产的要求（周伟冰，2007），不但能有效解决川芎产量与质量的问题，也有助于解决川芎育苗的难题。

川芎育苗受到田间环境、土壤和水肥等差异的制约，长期存在质量残次不齐、标准化程度低等问题严重制约了川芎标准化生产。川芎设施无土栽培利用其精准化管理的优势，可以实现川芎种苗的标准化生产，本文设计新型栽培装备，实现川芎快速育苗，有效解决川芎苓种培育、水肥管理、病虫害防治等环节的难题。

作者开发的川芎育苗采用微型计算机控制的精准育苗室进行栽培，该育苗装备包括补光系统、通风系统、密封面板、控制器、栽培盘、营养液循环泵等部分。川芎育苗装备原理图如图 2-23 所示。

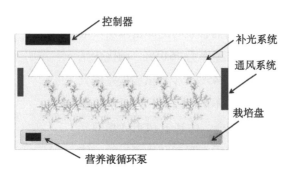

图 2-23 川芎育苗装备原理图

该装备长 60 cm、高 50 cm、厚度 45 cm，采用 220 V 照明电源，每次可育苗 29 穴，可进行保湿栽培，营养液添加量 3 L。育苗时先准备长度为 6 cm 的新鲜苓种，采用杀菌剂喷雾的方式对苓种进行消毒，放入栽培盘中。将育苗装备的密封面板盖上。栽培装备实物图如图 2-24 所示。

图 2-24 栽培装备实物图

开展小规模生产的试验验证无土栽培的效果。在装备中放入苓种，开始育苗栽培 3 天后，出苗率 100%，种苗长势良好，平均苗的高度为 2.2 cm。育苗初期如图 2-25 所示。

图 2-25　育苗初期

7 天后，川芎种苗的长势更加健壮，平均高度 3.5 cm，将选育的种苗移栽到大田中，并进行适量的灌水。育苗生长期如图 2-26 所示。

图 2-26　育苗生长期

在四川彭州进行了示范应用，移栽到大田中的川芎很快能适应土壤环境，比直接播种的川芎更加均匀，漏苗的现象得到了很好控制。收获季节的川芎，平均产量普遍高于传统的育苗栽培方式。移栽到大田中的川芎如图 2-27 所示。

a. 田间收获的川芎

b. 可药用的块根

c. 可做苓种的茎秆

图 2-27　移栽到大田中的川芎

2.2.2 种苗移栽装备

川芎是我国特有的一种中药材资源，其中四川是我国最大的优质川芎主要产区。成都市彭州市敖平镇是川芎集中生产基地，作为重要的川芎种植基地，该基地川芎种植面积超过 60 000 亩[*]。

川芎规模化种植发展迅速的同时，依然存在种植工艺不标准、依靠人工等问题，主要包括川芎种植全生命周期（整地、剪苗、栽种、间作、中耕除草、施肥、灌溉、病害防治、收获、摘果、清洗、筛选、烘干、初加工、精深加工、产品、废渣处理）机械化程度极低、人力劳动强度大、用人成本高、作业效率低等，这些不利因素严重限制了川芎产业可持续发展。

种苗移栽装备是川芎种植占用劳动力最大的一个薄弱环节，解决种苗移栽是全程机械化的关键，川芎种苗移栽机作业流程如图 2-28 所示。成都市敖平镇被成都市评定为"川芎药泉特色小镇"，是成都市重点打造 30 个特色镇之一，敖平川芎产业园区成功申报四川省现代农业园区培育项目，川芎是敖平主导产业之一。作者团队设计了复合作业需求的种苗移栽装备，川芎种苗移栽计算机设计图如图 2-29 所示，并在敖平建立了川芎种苗机械化生产示范区，重点突破川芎生产装备短缺瓶颈问题。

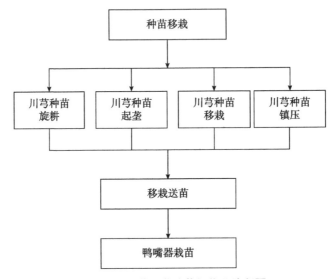

图 2-28　川芎种苗移栽机作业流程图

---

* 　1 亩 ≈ 667m², 全书同。

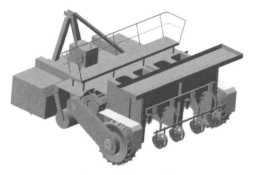

图 2-29 川芎种苗移栽机计算机设计图

图 2-30 川芎种苗移栽机实物图

川芎种苗移栽机实物见图 2-30 所示，该机栽种指标在人工基础上下降 5%，平均栽种速度需要大于 1.6 亩 / 小时；栽种质量原则上满足 95% 以上苓种符合正常形态学上下端关系，95% 以上苓种节盘与泥土紧密接触；栽种精度要求 95% 以上不缺窝；栽种成本上要求机械运行成本（包括人工和能耗）需低于全手工作业成本的 80%。

川芎种苗旋耕起垄移栽镇压一体化机构（图 2-31），有效解决了一些川芎种植时人工所需的费时费力等烦琐的作业，在一次田地作业中即可完成种苗旋耕、起垄、移栽、镇压工作，大大提高了工作效率，节省人力，减少费用支出。

图 2-31 川芎种苗旋耕起垄移栽镇压一体化机构

移栽送苗口是指在移栽过程中，将苗木从穴盘中取出并送入移栽机的送苗口中，如图 2-32 所示。这个过程可以通过自动化设备来完成，川芎种苗移栽机取送苗控制系统设计简化了人工移载。

鸭嘴栽苗器（图2-33）是一种新型的苗木移栽设备，它的外形像鸭嘴，因此得名。鸭嘴栽苗器的特点：能够将苗木从穴盘中取出并送入移栽机的送苗口中，同时还能够控制苗木的行距、播深等参数，使得苗木在移栽过程中受到最低程度的损伤。

图2-32 移栽送苗口　　　　**图2-33 鸭嘴栽苗器**

2.3 多层立体育苗装备

中药立体育苗装备（图2-34）采用自动化技术，通过栽培工艺和智能装备的结合，实现了最小空间中种苗生产效率的最大化。

图2-34 中药立体育苗装备

立体育苗装备是指用于立体育苗的设备。这些设备包括了立体育苗的生产流程、育苗技术、育苗设备等方面的内容。立体育苗装备主要研究了立体栽培架内穴盘递进输送技术、种苗根系固团、变间距移植等核心关键技术，研制植物工厂立体栽培穴盘输送、种苗智能高速移植装备。

图 2-35 螺旋式立体育苗装备

螺旋式立体育苗装备（图 2-35）是一种新型的育苗设备，它是在传统的穴盘育苗设备的基础上进行改进和创新的。螺旋式立体育苗装备的主要特点：采用螺旋式排列方式，使得穴盘之间的距离更加均匀，从而提高了苗木的生长空间；同时，该设备的育苗盘也采用了新型的材料，使得育苗盘更加坚固耐用，使用寿命更长，螺旋式立体育苗装备应用场景如图 2-36 所示。

图 2-36 螺旋式立体育苗装备应用场景

螺旋式立体育苗装备具有以下优点：①适用于各种类型的植物育苗；②可以根据需要调整穴盘的数量和排列方式；③可以实现自动化生产，提高生产效率。

链轮式立体育苗装备（图 2-37、图 2-38）是一种新型的苗木移栽设备。链轮式立体育苗装备的主要特点：采用链条传动，使得苗木在移栽过程中不会受到损伤；同时，该设备的育苗盘也采用了新型材料，使得育苗盘更加坚固耐用，使用寿命更长。

图 2-37　链轮式立体育苗装备　　图 2-38　链轮式立体育苗装备应用场景

工厂化农业采摘智能装备

3.1 茄科类采摘机器人

3.1.1 番茄采摘机器人

番茄内含有糖、有机酸、矿物质和多种维生素等营养成分，属于营养丰富的"水果蔬菜"，是广泛栽培的重要果菜种类。随着设施农业的发展和作业机械化的要求，对番茄种植模式要求也越来越高，尤其是在可控环境的温室中种植面积迅速增长，因此种植、管理和收获的劳动量也越大，研究开发果实收获机器人，实现机械化、自动化与智能化收获是现代农业工程的重要方向。

从 1983 年第一台番茄采摘机器人在美国诞生以来，采摘机器人的研究和开发已历经了近 40 年。日本、美国、荷兰等发达国家相继立项研究用于采摘苹果、番茄、葡萄等果蔬的智能机器人，如今这些农业机器人已经应用于农业生产过程（乐晓亮，2021）。早期番茄采摘机器人的收获方式主要有机械震摇式和气动震摇式，其缺点是果实易损、效率不高。此后，随着电子技术和科学技术的发展，特别是工业机器人技术、计算机图像处理技术和人工智能技术的成熟，采摘机器人的研究和开发技术得到了快速发展，开始以单个果实或番茄串为对象进行精准仿人手采摘作业。这些番茄采摘机器人融合人工智能和多传感器技术，采用基于深度学习的视觉算法，引导机械手臂完成识别、定位、抓取、切割、放置任务的高度协同自动化系统，采摘成功率高达 90% 以上，可解决自然条件下的果蔬选择性收获难题，是智慧农业的标志性产品。

以色列农业科技公司 MetoMotion 推出了"GRoW"番茄采摘机器人，如图 3-1 所示。这款番茄采摘机器人采用双臂设计，旨在降低采摘成本、提高采摘效率并减少农业生产对现有劳动力的依赖。"GRoW"两个手臂可以更快地完成果实采摘动作，并将其放置在采摘车上的板条箱中。官方测量结果表明"GRoW"在没有人为干预的情况下可成功收获了一整排番茄，成功率为 90%。该机器人通过连

图 3-1 番茄采摘机器人 "GRoW"

续性作业至少可以帮助农户节省 80% 的采摘工时和降低 50% 的收获成本。

"Certhon" 番茄采摘机器人是一款多功能机器人，如图 3-2 所示，可以自行检测、切割番茄并将其运送到箱子中。深度学习技术将使机器人在每次收获时变得更聪明。基于先进的视觉技术，"Certhon" 可以检测果实并感知哪些番茄成熟且可以采摘，然后机器人向多个方向移动，以找到最佳的采摘位置和路线。得益于智能摄像头和照明，机器人可以昼夜连续作业，效率极大提高。在不久的将来，收获机器人还可以估算产量并测量植物的气候和健康状况，包括病虫害监测等功能。

图 3-2 "Certhon" 番茄采摘机器人

中国作为农业大国，未来农业全面智能化、自动化将成大势所趋。国内对番茄采摘机器人的研究也取得一定成果，但距离全面推广应用还有一定的差距。中国科学院智能机械研究所科研人员基于 ROS 系统开发的智能型番茄采摘机器人，如图 3-3 所示，主要用于植物工厂等室内环境中樱桃番茄的自动化采摘。该机器人能够准确检测出樱桃番茄的成熟度及其空间坐标，并自主移动到目标位置，通过机械臂和机械手对成熟樱桃番茄逐个采摘，放入自带的果篮中并送到指定的位置（如吧台等），甚至可通过机械手将采摘后的樱桃番茄，越过餐桌上的玻璃护栏等障碍物，逐个精准投放到餐桌上的果盘里。该机器人具有全向、大范围自主移动能力，无须在地面铺设导轨或引导地标，灵活机动，对樱桃番茄有很高的识别准确率和采摘成功率，对果实无损伤。

图3-3　中国科学院智能机械研究所开发的智能型番茄采摘机器人

　　此外，中国农业科学院都市农业研究所智能农业机器人团队研发的球型果蔬采摘机器人（图3-4）能自主完成靶标果实识别、定位及采摘动作，同时还具备自主路径规划、导航与避障功能。该机器人软件系统基于大量果实图像数据库模型训练和算法创新，融合果实颜色、纹理、形状等特征提取技术，可实现不同光照强度、背景遮挡等复杂环境下的靶标精准识别，识别准确率高达95%以上，框架结构具有轻量化和可移植性等优点，机器人采摘效率为每颗7 s。

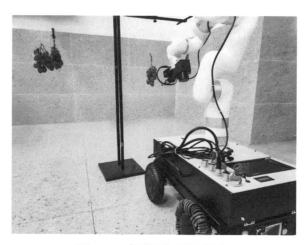

图3-4　球型果蔬采摘机器人

3.1.2 甜椒采摘机器人

图 3-5 "SWEEPER"
甜椒采摘机器人

荷兰瓦赫宁根大学 Boaz Arad 等设计了"SWEEPER"甜椒采摘机器人，如图 3-5 所示。"SWEEPER"通过使用机器人简化收割过程，从而优化了栽培系统。通过视觉模型训练，机器人可以确定甜椒的空间坐标位置，它具有在挑战性的气候条件下执行重复性任务的功能。

机器人系统包括一个六自由度的工业机械臂，专门设计的末端执行器、RGB-D 相机、带有图形处理单元的计算机、可编程逻辑控制器以及一个用来存放收获果实的小容器。所有这些都集成在移动底盘上，可在轨道和混凝土地面上自动行驶。在温室中针对不同甜椒品种和生长条件进行采摘测试，结果表明"SWEEPER"收获果实的平均时间为 24 s，其中移动大约占了总采摘时间的 50%（7.8 s 用于放置果实，4.7 s用于平台移动）。为提高采摘效率，研究人员通过研制更高速度运行的机械手，可以将循环时间减少到 15 s。该机器人最佳作业条件下的收获成功率为 61%（Arad，2020）。"SWEEPER"是第一个在商业温室中展示采摘性能的甜椒收获机器人。

图 3-6 为"SWEEPER"机器人末端执行器。末端执行器包括一个用于 RGB-D 相机固定的外壳，并配有定制的 LED 照明灯。在外壳的顶部，放置有植物茎固定机构，并通过由电动机驱动的振动刀切割果梗。刀片末端安装有固定机构推开植物茎叶，以免对植株造成伤害。在末端执行器与植物茎开始接触时，刀刃位于果梗的正上方。当开始切割时，通过向下移动末端执行器，固定机构提升从而使得刀片从果柄向下切割。果柄被切断后，由 6 个涂有软塑料的抓果装置接住果实。

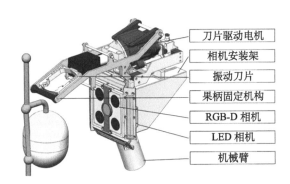

刀片驱动电机
相机安装架
振动刀片
果柄固定机构
RGB-D 相机
LED 相机
机械臂

图 3-6 "SWEEPER"机器人末端执行器

日本一家农业机器人公司开发了"L"型甜椒采摘机器人，如图 3-7 所示，作为解决甜椒收割劳动力短缺问题的解决方案之一。与大多数在地面上移动的传统采摘机器人不同，"L"安装在温室中的线轨上移动，因此无须在地面上架设轨道，也无须进行初期建设工作。内置的 AI 算法会自动识别成熟的甜椒并进行收获。为避免采摘时损伤果实，从而提高其商品价值，该公司设计的机械采摘手将茎与果实连接部分两次切割。该机器人的长 × 宽 × 高为 106 cm×76 cm×29 cm，重 16 kg，一次充电可连续工作 4 小时，安装成本约为 150 万日元（约合人民币 7.85 万元）。

图 3-7　日本"L"型甜椒采摘机器人

为解决温室辣椒采收人力资源短缺等问题，澳大利亚于 2013 年至 2017 年启动了 QUT 项目，旨在开发一种名为"Harvey"的辣椒（甜椒）采摘机器人，如图 3-8 所示，它集成了机器人视觉和自动化专业知识，使农业生产者受益。该项目由昆士兰科技大学研究人员和工程师实施，由昆士兰州农业和渔业部提供资金支持。

"Harvey"凭借其复杂的机器人视觉算法和新颖的末端执行器表现出了出色的性能。摄像头系统和采集工具安装在机械臂的末端，通过相机系统数据创建靶标果实及其周围环境的 3D 地图，并供机器人运动规划算法使用，该算法用于控制果实分离装置的动作。"Harvey"在设施大棚内接受了测试，结果

图 3-8　辣椒采摘机器人
"Harvey"

显示果实收获成功率为 76.5%，单个果实的平均收获时间约为 30 s。目前，研究团队计划将为"Harvey"的技术和研究扩展到当前项目之外，以处理其他作物，如芒果、草莓、番茄、苹果和鳄梨采摘等。下一次农业革命将由智能农业系统驱动，"Harvey"等技术的开发和应用将帮助农业生产企业更高效和更可持续地经营。

3.2 葫芦科果蔬采摘机器人

3.2.1 黄瓜采摘机器人

黄瓜是设施农业生产中主要作物之一，设施栽培面积约占其总种植面积的 47.85%，收获及采后处理时间约占黄瓜生产全部时间的 50%，且收获过程枯燥、繁重，工人需经受比室外温度高 30%、湿度高 90% 的恶劣作业环境的考验。为了减轻工人劳动强度、提高采收作业的质与量，设计开发黄瓜采收作业机器人势在必行（张帆，2020）。黄瓜果实与植株同为绿色，属近色系，不宜通过颜色信息区分目标与背景或判断果实成熟度。解决近色系果实目标识别成为黄瓜采摘机器人难点问题之一。

黄瓜采摘机器人作业于温室非结构环境下，是一种融合多传感技术的高度协同自动化系统，主要由自主移动平台、视觉伺服系统、采摘末端执行器组成，可实现黄瓜种植垄间的自主导航运动，完成黄瓜果实信息获取、成熟度判别、遮挡信息判断，进而确定收获目标的三维空间信息，引导六自由度机械臂与柔性末端执行器完成果梗切割位置探测和柔性自适应抓取采收，最终实现黄瓜作物的机器人化自主采摘作业。常规黄瓜采摘机器人作业流程如下：系统启动后，机器人自主循线行走，开启果实信息获取系统的单个摄像机动态搜索视场内适宜采摘的黄瓜果实，检测到后立即停车，通过双目立体测距算法对采摘目标进行初定位。机械臂引导末端执行器运动至初定位位置后，推挡机构往上运动，推开叶片，使果实和果梗充分可见，同时红外传感器进行实时监测，进行采摘点二次定位。随后由柔性手指抓取黄瓜果柄，切刀切断果梗。最后，机械臂引导末端执行器运动至果实筐上方，释放果实，机械臂复位，完成一个采摘循环。之后采摘机器人将继续循线行走，重复执行采摘流程，直到行走至终点停止。

为提高黄瓜采收智能化水平，降低人工采收劳动强度，中国农业大学纪超等研发了黄瓜采摘机器人系统，如图 3-9 所示，提出了三层式系统控制方案，设计了导航控制程序与采摘控制程序两个核心软件。黄瓜采摘机器人温室作业性能测试试验证明：系统各模块运转良好，视觉识别算法可有效提取果实信息，机器人采摘成功率达85%，单根黄瓜采摘耗时28.6 s（纪超，2011）。

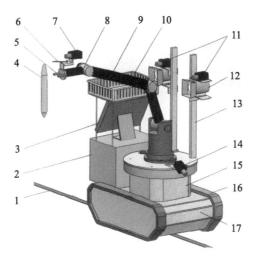

1. 导航线；2. 能源系统；3. 显示器；4. 黄瓜；5. 手指；6. 切刀；7. 近景定位摄像机；
8. 关节；9. 连杆；10. 果实筐；11. 双目支撑架；12. 辅助光源；13. 支撑架；
14. 导航摄像机；15. 车载工控机；16. 履带；17. 行走底盘

图 3-9 黄瓜采摘机器人系统硬件结构

人工成本约占黄瓜种植温室总生产成本的30%。其中，采摘是劳动最密集的生产任务，占作物生产所需全部工作量的20%。为降低成本，给商业温室可持续发展提供解决方案，加拿大 Vineland 研究与创新中心研究人员开发了温室黄瓜采摘机器人，如图3-10所示。2018年，该团队开始完善概念，并在温室中制造和测试机器人原型，结果表明，该机器人可以实现近90%的采摘成功率，单果采摘时间不到15 s。黄瓜采摘是一项具有挑战性的任务，因为很难将黄瓜与叶子和藤蔓区分开来，采摘时要求在不造成藤蔓扯断和损坏的情况下安全地将果实切断。Vineland 的解决方案包括一个视觉（成像）系统来识别黄瓜，一旦成功识别并定位，机械臂便会伸向果实。3D 扫描有助于确定黄瓜相对于机器人的位置，并计算果实的直径，用于判断其是否处于适合采摘的阶段。

图 3-10 黄瓜采摘机器人

3.2.2 瓜果类采摘机器人

草莓、西瓜等水果美味多汁，风味独特，深受消费者喜爱，市场潜力巨大。然而在反季受气候条件限制，这些水果供应明显不足。为满足消费者反季水果需求，提高草莓、西瓜等水果的商品价值，工厂化栽培技术近年快速发展，即在相对可控条件下，采用先进的、可复制的、可推广的生产模式，进行设施果蔬工厂化批量生产，推动特色反季水果产业规模化、产业化、生态化发展。和常规地面土壤栽培相比，工厂化栽培的水果产量明显增加，比如高架草莓育苗单位面积产量提高 1.5 倍以上，繁育的基质种苗定植成活率 95% 以上，草莓鲜果产量提高 40%~60%，水肥利用效率提高 20%~30%，每亩增收 2 万元以上。然而，这些水果的采摘过程在种植中占有重要地位，整个种植生产过程中约有 1/4 时间被采摘作业所占用，并且由于果实成熟后必须尽快采摘，盛果期采摘作业的劳动强度大，所以研发相应的采摘机器人成为目前亟待解决的问题。

西班牙 Agrobot 公司推出了一台全自动化的草莓采摘机器人，如图 3-11 所示，代替人工采收草莓，这台机器灵活性很高，有多个机器臂可同时作业，采摘效率极大提升。采摘机器人的机械臂端部均配有摄像头，可以通过先进的图像处理单元来判断果实的成熟度，同时配上 3D 感应模块，利用短距离集成彩色和红外深度传感器来捕捉草莓果实信息，通过分析每个草莓的外观和颜色后，机械臂才会实施采摘任务。为了辅助采摘车辆移动柜，车轮上安装的超声波传感器可以确保车轮和草莓栽培架保持安全距离。

图 3-11　"Agrobot" 草莓采摘机器人

草莓采摘机器人研发存在一些挑战。例如，草莓一年四季都会结果，不同的生长期草莓的成熟度差异很大，加之茎叶的遮挡，采摘时要避免损坏植物，识别成熟的果实，然后接近果实的果柄进行采摘，机器人很难够到所有果实。为此德国农业科技公司开发了一款名为"BERRY"的草莓采摘机器人，如图 3-12 所示，该机器人在 2022 年阿姆斯特丹绿色科技大会上荣获"概念"类创新奖。"BERRY"通过大量精确的传感器和算法柔性接触植物或推开茎叶以捕捉果实，实现了机器人较快的移动速度。这种机器人负载量高，可以存储 4 箱（最多 20 kg）草莓。为确保机器人能够在植物冠层内高效运行，在不损坏茎叶的情况下采摘果实，研发人员正在对其进行性能优化，提高采摘速度，目标采摘效率为 10 kg/h。

图 3-12　"BERRY" 草莓采摘机器人

工厂化西瓜种植近年来成为一种新的栽培模式，通过吊蔓种植实现了立体栽培，提高了土地利用率，使西瓜受四面阳光均匀照射，通体碧绿，温室吊蔓西瓜如图 3-13 所示。这样种植既避免西瓜和地面接触生病，又充分利用了空间，保证了通风透光，所以无论从外观色泽，还是内在品质上都有极大提升，反季采摘期可以从 3 月持续到 11 月，经济效益也大大提高。此外，温室内可控的人工环境能定向控制西瓜的营养价值和品质，在大棚立体吊蔓种植西瓜的过程中，喷施稀释浓度 45 倍的硒肥，在西瓜的初花期和坐瓜期各喷施一次，可比普通西瓜种植产量提高 15.10%，硒含量可增加 795.22%，可溶性固形物含量可增加 6.80%。

图 3-13　温室吊蔓西瓜

但是，西瓜的采收往往需要繁重的劳动和较高的人工成本，使得工厂化栽培模式难以为继，为此，日本 Mikio Umeda 等 1999 年开发了机器人"STORK"来收获西瓜，如图 3-14 所示。"STORK"质量轻，工作范围远，该机器人包含有平行四球联动的机械采摘手爪、视觉传感器和移动机构。采摘手爪利用真空吸盘吸附方式提起西瓜，完成采摘。研究人员测试了机器人的机械手的位置精度和重复性等参数，在 15 次实验中，成功率为 66.7%，机械手最大位置误差为 60 mm，最大可重复误差为 36 mm。由于机械手是手工制作的，因此制造精度不理想（Umeda，1999）。

图 3-14　日本"STORK"西瓜采摘机器人

还有研究团队设计了"agBOT"西瓜采摘机器人来帮助农民减轻劳动强度，该机器可以自主识别和收获成熟的西瓜，通过仿人拍打敲击机制，并基于机载麦克风帮助机器人判断西瓜是否成熟。尽管西瓜采摘机器人相关研究较多，但其离实用化和商品化还有一定距离。主要原因：一是西瓜本身体积大，质量重，采摘效率不高，而且存在损伤问题；二是单个西瓜的平均采摘用时较长，且采摘机器人制造成本较高。

3.3　叶菜采摘机器人

叶菜种类丰富，生长周期短，矿物质及维生素等营养素含量较丰富，对光照强度要求较低，非常适合工厂化生产。该方法可缩短作物的生长周期，节约水肥资源，大幅提高作物的产量，并可有效抑制病虫害的发生。工厂化栽培的叶菜品种包括青菜、白菜、菠菜、生菜、鸡毛菜等20多种。

农业农村部南京农业机械化研究所、江苏省作物移栽机械化工程技术研究中心等单位联合设计了一款小型叶菜类4UM-120蔬菜采摘机器人，如图3-15所示，也可适用于大田作业。机具可收获鸡毛菜、小青菜、生菜、茼蒿、秧草、米苋、菠菜、红薯叶等多种叶菜类蔬菜。整机以"省力"为设计理念，配置1.2 m输送履带及48 V行走电机驱动，割刀高度可调，拨禾、切割、输送、行走独立单元控制，割刀高度0~10 cm可调，直立生长以及倒伏类茎叶类蔬菜均可收获，无须人工捡拾，劳动强度低，作业效率高，可抵5~10个人工。该机为手扶式设计，智能化程度较低，同时针对植物工厂立体栽培的叶菜收获难以适用。

图3-15　4UM-120蔬菜采摘机器人

植物工厂是在密闭或者半密闭条件下通过高精度的环境控制，实现作物在垂直立体空间上周年计划生产的高效农业系统，因其技术高度密集，被公认为是设施农业的最高发展阶段，成为衡量一个国家农业技术水平高低的重要标志。植物工厂的种植方式主要以水培为主，即将作物直接种植在营养液中，如图 3-16 植物工厂叶菜生产场景所示。水培是一种新型的无土栽培方式，通过种植杯（篮）和栽培板等使植物根系生长于营养液中。与土壤栽培相比，水培的养分供应更加迅速、均衡和充足，有利于植物吸收，并可根据营养液中的养分消耗，及时地补充相应营养元素，被广泛地应用于蔬菜生产，特别是叶类蔬菜（李宗耕，2022）。水培叶菜的生长速度是土壤种植的 2 倍以上，单位土地利用效率是土壤种植的几十倍甚至上百倍，因此水培叶菜技术将是我国农业 4.0 时代的重要组成部分与呈现形式。我国是世界第一大蔬菜生产国和消费国，2018 年全国蔬菜种植面积突破 2000 万 km^2，产量达 7 亿 t 以上，其中叶菜类种植面积占比高达 30% 以上，约占总产量的 1/3。叶类蔬菜强有力地支撑了"菜篮子"工程，是人们日常生活中必不可少的一部分。

图 3-16　植物工厂叶菜生产场景

针对植物工厂立体栽培模式，重庆市农业科学院开发了叶菜工厂智能采收装备，该装备包含三种不同的"搬运工"，负责完成叶菜生产中的搬运和收割工作：一种是固定机器人，主要负责栽培盘从移栽定植设备到物流运输车的取放和物流运输车到收割设备的取放；另一种是可灵活移动的机器人及移动物流车，负责完成多工位之间的穿梭运输，实现了栽培盘物流运输的无人化操作和智能化管控；还有一种是叶菜智能收割设备，将蔬菜从物流运输车到立体栽培设备的取放工作，以及将成熟的蔬菜从立体栽培设备到物流运输车的取放工作，如图 3–17 水培叶菜采摘机器人所示。叶菜的收割不再依靠人工一棵棵剪切，而是利用智能收割系统流水线，成熟叶菜一盘接着一盘，连续喂入、切割、分拣，全程实现智能化控制。移动机器人一个小时可完成 2300 多棵蔬菜的处理，作业能力 430 kg/h，作业成功率 100%。

图 3–17　水培叶菜采摘机器人

3.4 食用菌采摘机器人

食用菌味道极其鲜美，素有"山中之珍"的美称。中国是认识和栽培食用菌最早、栽培种类最多的国家。近年来，随着人们生活水平的不断提高和食物结构的变化，心血管、高血压、糖尿病等慢性疾病的患病率大大增加，因而使对人体有着独特保健功能的菌类食品越来越受到人们的青睐。食用菌不仅成为中国人餐桌上的新宠，国际市场对食用菌的需求也在不断上升。

2014~2020 年，中国食用菌产业产值占农业总产值比重维持在 4.0% 以上，根据国家统计局数据：2014 年中国农业总产值为 5.19 万亿元，其中食用菌产业占比 4.4%；2020 年中国农业总产值为 7.17 万亿元，其中食用菌产业占比 4.8%；2021 年前三季度中国农业总产值为 4.67 万亿元。

近年来，国内正在发展食用菌设施化生产模式，实现鲜菇周年供应，提高鲜菇的品质和经济效益。在不同气候条件下，单位土地面积内，利用设施、设备可创造出适合不同菌类不同发育阶段的环境，进行立体、规模、反季节周年栽培，可提高食用菌产量和品质，节省空间资源，是在短时间内获得可观经济效益的一种新型的、集现代农业企业化管理的栽培方法（黄毅，2003）。食用菌工厂化栽培与常规栽培技术基本相同，但工厂化栽培的空气温湿度、营养水平等条件的控制更加精准，较节约资源。比如冬、春季在设施内栽培食用菌，可加温、保温，在低温冷冻期间，其设施内温度不会降至5℃以下，不会给一般食用菌带来冻害。除上述区别之外，一些较先进的设施已达到了高度自动化，能通过智能系统控制室内各环境因素，使室内环境能时刻满足食用菌的生长要求，在食用菌生产的各个环节实现的自动化，如机械化采收等，很大程度上节省了人力，工厂化食用菌栽培如图3-18所示。

图3-18　工厂化食用菌栽培

南京农业大学人工智能学院卢伟团队研发了蘑菇采摘机器人系统，如图3-19所示，基于ROS系统和多目RGB-D深度相机与RGB相机相结合的方法，通过人工智能算法Yolov3进行蘑菇在线识别与定位，通过导航系统实现多传感器融合导航，通过升降系统实现各个高度的菇床的遍历，通过双臂采摘系统和辊筒系统实现蘑菇无损抓取和自动换框。该套系统目前重点应用于工厂化蘑菇采摘，在蘑菇采摘的识别、定位、采摘、换框运输等环节均实现了无人化作业，实现了智能化采摘，极大地降低了劳动力成本，解决了蘑菇生产自动化最为关键的一步。

芦笋是世界十大名菜之一，在国际市场上享有"蔬菜之王"的美称，芦笋富含多种氨基酸、蛋白质和维生素，其含量均高于一般水果和蔬菜。从2014年到2020年，我国芦笋种植面积及产量逐年上升，到2020年，中国芦笋种植面积为150.1万 hm²，占全球的90.6%；芦笋产量为861.3万 t，占全球的88.1%。已发展成为具有国际竞争优势的新兴产业，在全球芦笋贸易中占有举足轻重的地位。

绿芦笋含水率高达 92.9%，非常脆嫩，且生长较为密集，同一根系生长出来的芦笋嫩芽生长方向、生长成熟度不一致，因此芦笋生产具有劳动强度大、作业成本高、机械化程度低、生产效率低的特点。目前全国几乎所有的芦笋都是依靠人工采收，繁重的劳动强度及匮乏的劳动力严重制约了芦笋产业稳定持续发展，因此芦笋农业生产急需"机器替人"。

图 3-19　蘑菇采摘机器人系统

南京农业大学设计了一款芦笋采摘机器人，如图 3-20 所示。根据绿芦笋的种植环境及采收农艺设计了以履带移动平台为载体，搭载各个功能模块实现设施环境下绿芦笋种植采收智能化，功能模块主要包括行走系统、视觉定位系统、控制系统、末端执行机构和人机交互系统五个子系统。机器人视觉定位系统通用于识别和检测出目标芦笋茎秆，通过成熟度判别和切割点定位后确定其切割点位置，并将位置信息实时发送给控制系统；机器人的控制系统接收来自视觉系统的目标位置后，进行机器人坐标与运动学（动力学）分析，控制末端执行机构完成规定的任务。

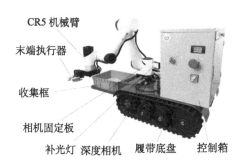

图 3-20　芦笋采摘机器人

综上所述，未来工厂化农业采收智能装备将快速发展，主要的发展方向包括以下几方面。

一是专用的图像处理算法不断创新，识别模型更加高效。

工厂化智能采收装备是未来发展趋势，代表着智慧农业生产的先进水平，其中，机器视觉技术对促进智能采收装备发展具有十分重要的意义，几乎所有采收机器人作业前需要对靶标进行准确识别和定位。

植物工厂按照其光环境可分为自然光植物工厂、人工光植物工厂和自然光＋人工光植物工厂 3 大类，因人工光不受昼夜更替影响，可持续为植物提供所需的光照，同时，能根据植物特定需求精准控制，给予特定波段的光照，所以具有更大的发展潜力。植物工厂中常用的两种人工光为红光（660 nm）和蓝光（460 nm），两种光混合后呈现紫色，在这种光环境下所采集的图像给后期的分割处理带来了挑战。研究人员分别测试了绿植在自然光和人工光（红光和蓝光）环境下的常见的图像分割算法效果，结果如图 3-21 所示，自然光环境下，几乎所有算法都能够将绿萝冠层从背景中分离出来，尽管有的方法分割结果噪声较大，其中分水岭算法分割效果最好。对于 LED 人工光环境下采集的图像而言，所有算法在分割绿萝冠层区域时都失效了，即使效果较好的分水岭算法也没有将冠层分离出来（Tian，2022）。

图像分割是整个图像处理过程中最重要环节，是后续信息提取的前提。然而在植物工厂不同光环境下，一些算法往往会失效，这是阻碍机器视觉技术在植物工厂应用和采收装备研发的主要因素之一。此外，植物工厂中环境较为特殊，配套设施多，就硬件设备而言，包括各类支撑架、水肥灌溉管道、育苗盘、吊蔓绳、监测设备等，就植物本身而言，有叶片、茎秆、果实，所采集的图像往往背景纷乱复杂，加之一些前景和背景颜色相似（如黄瓜果实和叶片、茎秆），上述两点对分割算法提出了新的挑战。因此未来针对工厂化农业靶标识别的算法开发和标准数据库建设是主要研究方向，如图 3-21 所示。

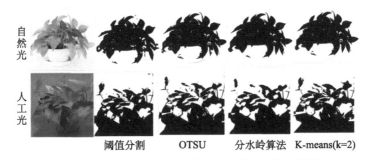

图 3-21　自然光和人工光环境下不同算法图像分割效果

二是图像采集性能不断加强，硬件成本不断下降。

图像质量直接影响着后期处理精度。现有研究在图像采集方面多采用数码相机进行人工采集，这种难免会引起图像质量参差不齐，同时也不利于植物工厂自动化发展。少数研究人员通过安装在机器人上的工业摄像头采集图像，但其防抖效果不佳，同时相机采集空间尺度有限，对于多层垂直空间分布植物的图像采集无能为力，适用范围窄，而且成本较高。长远来看图像采集装备作为视觉传感器，应与其他传感器一样，急需研发出一些精度高、适用性强、成本低的产品，同时还需要考虑其应用场景，研发出适合在植物工厂内运行的滑轨、近距离或远距离拍摄的配套装备，从而实现标准化生产，促进产业链的规范化、标准化、规模化发展。

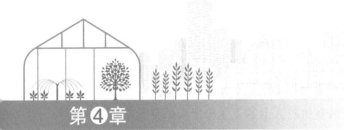

城市屋顶农业智能装备

4.1 龙门式屋顶种菜机器人

在全世界范围内，屋顶绿化农业技术研究最早是在欧洲，其中德国从国家层面出台相关的屋顶绿化相关政策，以此扶持屋顶农业的发展，在这样的政策环境下，目前德国的屋顶绿化率已达 14%。对于相关的屋顶绿化的管理，该国主要采用的方法是业主与政府共同按相应的比例进行出资，如若政府提供管理补贴占25% 的绿化经费，而对于不同区域，政府对屋顶绿化所在的建筑物所有权者 5 年内减少固定资产税 50%。屋顶绿化，相关植物地种植也是有效预防热岛现象的措施，2001 年，日本东京市率先出台了相关管控政策，提出"屋顶绿化设施配备计划"，该计划中规定若新建在东京的建筑物占地面积超过 1 000 m² 者，屋顶绿化中没有 20% 为绿色植物覆盖，将被处以相应的罚款，在东京市的强制政策环境下，日本东京市屋顶绿化率目前已达到 14%。

在我国，屋顶长期以来是城市中的消极空间。普通的屋顶绿化限于屋顶荷载、土层厚度等技术要求，难以形成有活力的空间，反而使屋顶绿化陷入难以推行并难以为继的尴尬局面。将农业活动引入屋顶空间可以在满足屋顶绿化生态效益的基础上形成具有归属感的社会空间，使屋顶这种消极空间发挥积极的社会作用。在我国的城市农业实践中，屋顶农场的发展较为顺利，在不涉及权属争议的前提下，所遇阻力较小，我国现有屋顶面积 73 万 hm²，绝大部分被完全闲置，利用屋顶进行农业生产具有巨大的潜力。

屋顶农场在调节温度、洪水控制、城市降噪等方面的生态效益也是巨大的。屋顶种植农作物可以降低太阳辐射，调节气温，夏季高温时室内气温通常可以降低 5~6℃，严寒的冬季要比没有屋顶花园的室内温度高 2~3℃。这样对于建筑物的顶层，至少能够节省 50% 用于空调的能源，还可以节省 50% 的冬季供暖能源。联合国环境署的一项研究表明，如果一个城市的屋顶绿化率达到 70% 以上，

城市上空的 CO_2 含量将下降 80%，热岛效应会彻底消失。屋顶农场对雨水具有截留效应，可以蓄存 60%～70% 的天然降水。在屋顶种植农作物至少可以减少 3 dB 的噪声，同时隔绝噪声的声效能达到 8 dB。德国的研究显示，城市绿色屋顶是多种生物的重要栖息地，该国学者估计德国的屋顶花园可以将房屋价值增长 10%～30%。此外，屋顶是城市中相对独立的空间，更容易形成小的生态圈，在土质、水质以及病虫害防治等方面也更为可控。

　　除了绿化环境之外，亲近自然拓展知识面启发学生创造性思维，是未来教育的趋势，也是提升学生对自然对知识产生兴趣的很好切入点，通过科普基地也提高学生动手能力，培养热爱科学的情怀，对学生成长甚至一生都影响很大，各个学校对科普基地建设越来越重视，但大多数校园都受耕地条件局限，而难以实现。所以学校建筑物屋顶采用现代农耕技术，构建起高效化多功能型的科普基地将是所有学校建设科普基地的必然选择。大多数学校都有丰富的屋顶资源，可以让更多学生对农业对生物科技产生兴趣。

　　龙门式屋顶种菜机器人又称为直角坐标机器人，它能够实现自动控制的、可重复编程的、多功能的、多自由度的、运动自由度建成空间直角关系、多用途的操作机。它能够搬运物体、操作工具，以完成各种作业，如图 4-1、4-2 所示。

图 4-1　龙门式屋顶种菜机器人示意图　　图 4-2　龙门式屋顶种菜机器人实物图

　　龙门式屋顶种菜机器人采用农业 3D 种植机器技术，它包括一个可伸缩的框架，可沿 X、Y、Z 方向运动，就像一台 3D 打印机，但是它并没有安装打挤出机、打印头之类的 3D 打印机核心部件，而是代之以传感器和用于优化耕作输出的装置，比如播种器、移栽器、犁和水喷嘴等。使用一个 Arduino 主控板和树莓派，工具头就可以精确地定位，并进行各种操作，如整地、播种、浇水、施肥、杂草控制和数据采集等。一台机器可种植多种作物，能够实现浇水、喷洒、播种间距的最优化操作；全自动化，可全天候运作，近乎无限可能的农场；结合"大数据"采集和基于数据分析进行决策的"智能农业"能够最大效率地利用耕作空间；可使庭院式耕作系统变为产业化操作。组装完成机械后，就可以使用配套的 APP，更为方便地观察属于自己的农场，操作者对菜地的每一次操作，机器人都会准确无误地在相应的位置播种。在系统中可以定制一个种植计划，机械臂就会根据种植计划实现种植要求，如图 4-3 所示。

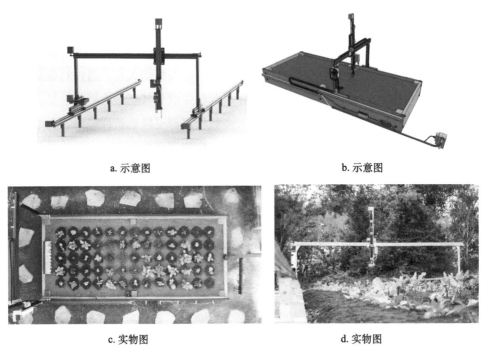

a. 示意图   b. 示意图

c. 实物图   d. 实物图

图 4-3　龙门式屋顶种菜机器人机械结构

4.2　城市屋顶点疏花果装备

作者团队针对城市屋顶设计了自动点果系统，如图 4-4 所示，该系统主要由行走装置、控制器、双目摄像头等组成，摄像头将番茄植株进行拍照并传输给控制器，控制器将照片进行分割、颜色处理再还原，可以得到番茄的三维位置和数量，再将数量信息显示到显示器上，行走装置可以绕番茄植株旋转，得到不同方向的番茄数量，最终可以统计到全株番茄的数量。

图 4-4　自动点果系统

　　疏花疏果，是果园管理之中非常重要的会受气候、技术、时效等因素影响的环节。如果疏花这一环节没做好将会导致果园的产出收益不高，甚至入不敷出。为此，对疏花疏果进行一定程度的技术改进势在必行，可减少果园的成本损失，促进果园增产增收。

　　人工疏花仍然是目前不可或缺的疏花方式。但是我们需要更高效率的疏花方式。一直以来人们通常采用纯手工作业对果树进行疏花作业，也就是我们通过简单工具如疏花剪刀，弹簧剪等工具直接对多余的花朵进行疏除。随着果树种植面积逐年增加，传统的疏花方式存在效率低、强度大等问题，以及疏花期时间短，这些不利因素对果园产业有很大的影响。此外，劳动力成本上涨也成了果园收成的一个问题。因此手持式疏花机应运而生。

　　手持式疏花机可以大大减少劳动者人工疏花的工作，尽可能节约人力成本，从而提高生产效率，在短短的花期劳动量巨大的时间里把广大的果农从繁重的纯手工劳作中解脱出来。相比于使用化学药剂疏花，手持式疏花机操作简单，更加环保，作业精准，首先通过研究苹果树和桃树枝条的力学特性，识别果枝上的花朵，研发并搭建花朵信息采集系统；再利用 Opencv 花类识别算法对图像预处理，并将每个花瓣轮廓累加得出花瓣面积，进而计算出花瓣面积占比得出采集信息的花瓣面积占比，利用无线遥控器将工作指令传输至单片机，单片机将命令传输给末端执行器，末端执行器将目标花朵进行击落。

　　点花是通过涂抹植物激素促进挂果的一种有效方法，番茄等果菜栽培上需要大规模应用，点花装备通过电池驱动，将少量药剂通过间歇喷射的方式喷出，可以对番茄实现高效的点花作业。点花装备示意图见图 4-5 所示。

图4-5　点花装备示意图

4.3　城市屋顶识别采摘装备

我国作为一个农业大国，水果和蔬菜的种植面积及产量在逐年增加，但由于城市的快速发展，耕地面积在不断减少，为了弥补耕地的不足，城市可农用的空间也成为研究的热点。城市屋顶是适合农用的闲置空间，近几年城市屋顶的利用率也在逐年提高，在城市屋顶的栽培过程中，机器人可以发挥重要作用，节省大量的劳动力，尤其是劳动强度较大的采摘环节，实现无人化作业，可以避免果实成熟后采收不及时而白白损失掉，因此研发自动化的城市屋顶番茄采摘机器人具有十分重要的意义。

城市屋顶光线变化丰富，对于图像处理有不小的挑战。农业生产采摘机器人能够检测植物成熟度并实施采摘任务，从而降低人工作业强度，提高农业自动化水平和作物收获效率。以下是一些屋顶农业生产采摘机器人案例。Root AI 是一家农业机器人公司，其采摘机器人可以在屋顶农场中自动收割蔬菜，如图 4-6a 所示。该机器人使用计算机视觉技术和深度学习算法，可以自动识别成熟的植物，并使用机械臂将作物收割下来。FarmBot 是一家开发智能农业机器人的公司，其屋顶农业采摘机器人可以在种植箱中自动收割作物，如图 4-6b 所示。该机器人使用摄像头和计算机视觉技术，可以识别作物的成熟度，并使用机械臂进行收割。CityCrop 是一家希腊农业科技公司，其智能农业系统中包括采摘机器人，可在屋顶农场中自动收割蔬菜。该机器人使用计算机视觉技术和机械臂进行作业，可以识别作物的大小和成熟度，并自动收割。

a. Root AI 黄瓜采摘机器人　　　　　　　　　b. FarmBot 采摘机器人

图 4-6　城市屋顶农业生产采摘机器人

屋顶番茄采摘机器人主要用于屋顶条件环境中樱桃番茄的自动化采摘。该机器人能够准确检测出樱桃番茄的成熟度及其空间坐标，并自主移动到目标位置，通过机械臂和机械手对成熟樱桃番茄逐个采摘，放入自带的果篮中并送到指定的位置（如吧台等），甚至可通过机械手将采摘后的樱桃番茄，越过餐桌上的玻璃护栏等障碍物，逐个精准投放到餐桌上的果盘里。该机器人具有全向、大范围自主移动能力，无须在地面铺设导轨或引导地标，灵活机动，对樱桃番茄有很高的识别准确率和采摘成功率，对果实无损伤。该产品还支持对其进行二次技术开发，用于采摘其他果蔬品种，或进行授粉以及其他作业。屋顶番茄采摘机器人如图 4-7 所示。

双目摄像头

图 4-7　屋顶番茄采摘机器人

另外，除了上述的轮式机器人外，屋顶环境适合放置固定轨道机器人，通过

轨道移动作业，实现无人化采摘作业，作者团队设计了相应的城市屋顶识别采摘
装备，其计算机三维设计图如图 4-8 所示。

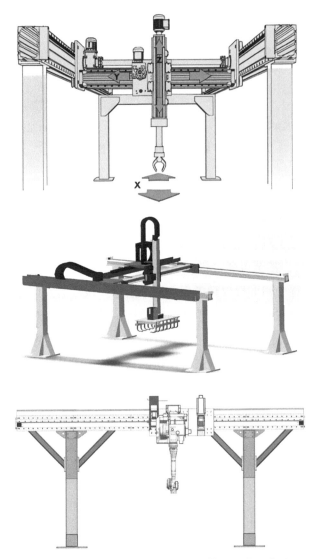

图 4-8 城市屋顶识别采摘装备计算机三维设计图

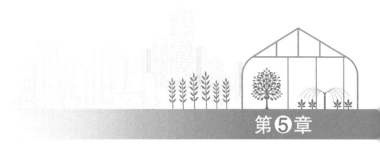

第5章

大型社区农业智能装备

5.1 社区农业发展现状

5.1.1 社区农业概念

社区农业是指在城市地区开展的以社区为基础单元的农业模式，它是一种更加环保、健康、社区化的农业形式（孙媛媛，2023；方艺润，2022），有利于推动城市经济、环境、社区、健康等多方面发展，因此，越来越多的城市和国家开始关注和支持城市社区农业的发展。

社区农业的核心理念是以社区为单位，由社区成员共同管理和参与农业生产活动。社区农业不仅可促进农业的可持续发展，同时也通过提供新鲜、健康、安全的食物，提高城市居民的生活质量。社区农业可以在城市空间中通过各种方式进行粮食作物种植，如公园、社区花园、屋顶菜园、阳台农业等，社区农业生产示意图如图 5-1 所示。这些农田通常是小规模的，具有高效率、低成本和低环境影响等优点（马艳伟，2021）。另外，城市社区农业还能够促进社区建设，增强社区凝聚力，可以创造就业机会，促进城市经济的发展，可以为城市居民提供一个放松心情、锻炼身体的场所。这种农业模式可通过教育、培训等方式，向城市居民传授农业知识和技能，提高公众对农业和环境问题的认识。

图 5-1　社区农业生产示意图

5.1.2 国外发展情况

近年来，城市社区农业在美国和欧洲变得越来越受欢迎。这一农业模型旨在在城市地区推广可持续和本地化食品生产，以解决城市面临的各种食物短缺、环境等问题。

在美国，城市社区农业的发展受到了政府、企业和社区的广泛支持。政府提供了财政支持和政策支持，以推动社区农业的发展。同时，企业也在投资城市社区农业，例如，一些商业银行和食品公司会提供专项资金和技术支持。社区在菜园种植、家禽和畜禽养殖等方面也出台了积极的管理措施。在欧洲，社区农业也在快速发展（万帅，2020）。欧盟政府鼓励农民和城市居民参与到社区农业，并为此提供财政支持和政策支持。许多城市通过提供土地、资金和技术支持等措施，积极推动社区农业的发展。越来越多的消费者对本地化和可持续生产的果蔬产生了浓厚兴趣，进一步推动了社区农业的发展。社区农业小块农田如图5-2所示。

图 5-2　社区农业小块农田

在亚洲，城市社区农业的发展现状各不相同，受地区政策、城市规划、土地使用情况以及居民需求等多种因素的影响。在日本、韩国等一些国家，城市社区农业已得到了广泛的重视和支持。政府通过划定城市农田保护区、鼓励农业社团等措施来促进农业发展（蒋紫琪，2020）。一些大城市也开展了社区农业"绿色屋顶"项目，在居民楼顶种植蔬菜、花卉等，如图5-3所示。这些举措不仅有助于提高城市居民的生活质量，同时也为城市环境带来了绿色元素。在其他国家，如印度等，城市社区农业的发展仍面临着诸多困难。城市土地价格高昂、农田保护缺乏有效措施、农业科技水平落后等问题均影响着社区农业的发展。此外，部分城市居民对农业缺乏兴趣，甚至对农业存在偏见。

尽管如此，随着城市化进程的加速，城市社区农业仍具有巨大的发展潜力。如果政府能积极促进社区农业技术进步、引导城市居民观念转变，未来这种农业模式一定会在粮食供给、环境污染缓解、闲置空间资源利用等方面发挥重要作用。

图 5-3　社区农业"绿色屋顶"项目

5.1.3 社区农业关键技术

城市社区农业与传统农业生产方式不同，是一种结合了现代科技和农业生产场景的新型农业模式，其发展得益于相关农业技术与装备的不断进步。现有城市社区农业生产过程中主要涉及以下装备和技术。

• 智能灌溉系统：通过对农田水分、土壤温度、光照强度等参数的实时监测，自动调节灌溉量和时间，使农田水分充足，促进作物生长。

• 智能温室系统：通过对温室内的空气温度、湿度、光照强度等参数进行实时监测，自动调节空气温度、湿度、光照强度等环境参数，使环境指标更加适宜作物生长。

• 智能农机装备：包括智能播种机、收割机等，这些装备通过精准化作业，使农作物种植、收获等过程更加高效、低成本。

• 智能农田监测系统：通过对农田土壤、作物生长状况等的实时监测，提供农田管理决策支持，使农田管理更加科学、可靠与高效。

• 物联网技术：通过物联网传感器节点，使得农田管理系统、农作物生长监测系统、农业机械等收集的数据可以实时回传，实现农业生产远程操纵。

5.2 社区农业主要形式

5.2.1 社区农业模式

社区农业生产场所与传统农业有着极大的区别，主要利用城市空间进行作物种植，由此产生了几种符合城市空间结构特征的栽培模式，主要包括垂直农业、植物工厂、屋顶农业、阳台农业和互联网型共享菜园等。

（1）垂直农业

垂直农业是一种新型的农业生产方式，主要通过在城市或室内环境中利用技术和设备，以高效、环保、安全的方式生产农作物。垂直农业的特点是利用大楼垂直空间以有效地利用土地资源。它可以采用多种技术来确保农作物生长的最佳环境，如智能控制系统、温室、灯光系统、自动灌溉系统等。垂直农业的生产过程比传统农业更加环保，因为它可以减少农药和化肥的使用，并且可以通过回收系统，循环利用水和养分。此外，垂直农业还可以减少交通和运输的碳排放，因为农作物的生产地离消费者的距离更近。

Mirai 公司是全球最大的垂直农业企业之一，其总部位于日本福岛县。公司采用完全自动化的生产线，使用 LED 灯光、温度、湿度、CO_2 浓度等控制技术，将多种蔬菜在立体式种植系统中进行生产。该公司的垂直农场已经入驻美国、新加坡等国家，如图 5-4 所示。

图 5-4　Mirai 公司垂直农场

三星集团在韩国首尔市建立了一座名为"青色食物计划"的垂直农业农场。该农场占地面积超过 2.5 万 m^2，采用了人工光源、自动喷雾和无土栽培等技术，种植了多种蔬菜和水果，其中包括草莓、蔬菜、香菇等。

Urban Crops 是一家比利时垂直农业公司，其垂直农场采用了"纵向种植系统"技术，每平方米的产量是传统农业的 75 倍。主要的技术包括 LED 人工光、温湿度控制和 CO_2 浓度调控等。主要种植多种蔬菜和水果。

上海欣麟公司是中国垂直农业行业领军企业之一。该公司在上海、广州等地建立了多个垂直农场，采用 LED 灯光、自动控制、滴灌等技术，种植了多种蔬菜和水果，如莴笋、生菜、草莓、蓝莓等。

（2）植物工厂

植物工厂是指采用先进的技术，在室内环境下模拟自然光照、气候、温度、水分等环境因素，以实现高效、精确、持续的作物生产设施。在植物工厂中，植物生长过程中的所有因素都可以通过控制和监测来精确管理，从而使植物在最佳的生长状态下获得最高的产量和质量。植物工厂相对于传统农业有以下几个特殊之处。

• 室内环境：植物工厂不受季节、气候等外部环境影响，可以在室内环境下进行生产，从而实现全年不间断的作物种植。

• 自动化管理：植物工厂采用自动化管理，通过精密的传感器和监测设备实时监测并控制光照、温度、湿度、CO_2 浓度、水分等环境参数，从而使作物在最佳的生长条件下进行生产。

• 节约资源：植物工厂利用先进的节水、节肥技术和智能控制系统，节约用水、减少农药和化肥的使用，从而实现生产效益的最大化。

• 产量高质优：植物工厂的生产过程非常精密、高效，而且环境条件可以通过控制来优化，因此可以获得高产量和高品质的作物。同时，由于采用了先进的设施和技术，植物工厂生产的作物更加安全、卫生，不受自然环境、气候等影响，具有更好的口感和营养价值。

中国农业科学院都市农业研究所开发的智慧超高层植物工厂已经实现了水稻等多种作物的高效生产。科研人员通过多年的努力，成功揭示了水稻快速繁殖的环境调控机理。在他们研发的无人植物工厂里，水稻的生长周期会比普通田地中种植的水稻收获周期缩短一半，60 天即可收获。该技术可利用地下空间和楼宇内部空间进行垂直多层栽培，可有效提高单位面积的栽培产量。这项技术目前来说也是国际的前沿和全球突破的重要方向，可以为未来的育种科学家们提供一个很重要的手段，让作物在育种加速器的条件下，由原先一年一代的繁育速度提高到 6 代。可为小麦、水稻、玉米、大豆等一些作物的育种提供一个重要技术储备。水稻育种加速器装备如图 5-5 所示。

图 5-5　水稻育种加速器装备

（3）屋顶农业

屋顶农业是指在城市建筑物的屋顶上种植农作物的一种社区农业形式。屋顶农业的优势在于它能够充分利用城市空间，同时也可以在城市中就近生产食品，减少食品运输和存储所带来的能源消耗和环境污染，还可以改善城市气候和环境质量，提高城市生态系统的稳定性。屋顶农业的另一项功能也越来越被重视，那就是在城市环境中可以通过以下方式来降低城市热岛效应：屋顶上种植植物可以增加城市中绿色植被的面积，有效地减少屋顶的反射和吸收太阳能量的能力，从而减少屋顶的热量积聚。而植物可以通过蒸腾作用将水分散发到大气中，形成微小的水滴，从而在城市中增加水循环的速度。同时，植物通过光合作用可以吸收空气中的二氧化碳，释放氧气，同时吸收和净化空气中的污染物，从而减少城市空气污染的程度。

北美洲是屋顶农业的领先地区，特别是在美国和加拿大，屋顶农业已经发展成为一种成熟的社区农业形式。欧洲的屋顶农业也在不断发展，以荷兰和英国为代表，已经出现了多个屋顶农业项目，包括规模较大的商业屋顶农场和社区屋顶农场。亚洲的屋顶农业发展相对较慢，但有些地方已经起步，如东京、首尔和新加坡，已经出现了一些规模较小的屋顶农业项目，主要是以供应当地市场蔬菜需求为主，屋顶蔬菜种植场景如图 5-6 所示。

图 5-6　屋顶蔬菜种植场景

（4）阳台农业

　　阳台农业指的是在城市居民的阳台、阳台顶部或室内种植蔬菜、水果等农作物的一种社区农业形式，如图 5-7 阳台种菜所示。阳台农业有以下优势：居民可以在自己的阳台或室内进行种植，无须外出寻找土地，更加方便。所需的种子、土壤、肥料等成本相对较低，不需要大量投资。在种植过程中不需要使用农药和化肥等化学物质，不会对环境造成污染。可以增加城市居民的绿色空间，改善城市环境，有利于空气净化。

图 5-7　阳台种菜

　　中国农业科学院都市农业研究所研发了多款智能阳台种菜机及配套栽培技术，阳台种菜装备如图 5-8 所示，近年来受市场广泛青睐。这款产品提供人工光照、无土栽培、自动水循环、营养液栽培等多种模式，通过注水、配比营养液、育种和定植实现智能栽培，因为有上述技术存在，蔬菜的成熟周期比露天土培要短很多。比如生菜，从播种到成熟只需要 25~30 天，而如果自己种植生菜则可能需要一个半月。

由于这类机器不能占用太多起居空间，但又需要有一定密度来满足种植效率，因此未来智能种菜机可能会向垂直化、壁挂式发展，不仅可以成为墙面的装饰，也可以满足家庭一周吃上几次自己种的蔬菜的需求，阳台种菜装备如图 5-8 所示。

图 5-8　阳台种菜装备

（5）互联网型共享菜园

城市互联网共享菜园是一种新型的社区农业模式，旨在通过互联网技术和共享经济模式，将城市闲置土地和居民闲置时间有效利用，为城市居民提供新鲜健康的农产品，同时促进社区农业的发展和城市绿化环境的改善。城市互联网共享菜园通常由一家专业的园艺公司或机构管理，他们会在城市内寻找闲置的土地，例如公园、学校、企业园区等，然后在这些土地上建设菜园，如图 5-9 社区农场所示。这些菜园通常会配备智能灌溉系统、传感器、环境监测仪器等互联网设备，以确保作物生长环境的稳定和优化。城市居民可以通过注册成为共享菜园的会员，每个会员可以租用一小块菜地，自己种植蔬菜、水果等作物。会员可以随时通过智能设备监控自己的菜地，了解作物生长状况和土壤水分，并实现远程管理。以下是几种常见的社区共享农业模式。

• 订阅制：消费者预付一定金额，每周或每月收到一定数量的蔬菜、水果、肉类等产品。农民可以提前规划生产计划，以确保生产足够的产品，同时减少农民的销售压力。

• 拼盘制：消费者可以根据自己的口味和需求选择蔬菜、水果、肉类等产品，农民则按照订单进行生产。

• 合作社：由消费者和农民共同组成的合作社，通过共同出资购买土地、设备和种子等资源，农民负责生产，消费者则分享收成。

• 农场参观：消费者可以参观农场，了解生产过程和农民的工作，以更好地理解食品的生产过程和价值，也能够增强社区之间的联系。

图 5-9　社区农场

5.2.2 社区农业智能装备

社区农业相对传统农业而言，是一种现代农业技术得以集中应用和体现的农业模式，通常使用人工气候控制、智能化作业机器人等技术手段来实现农业的自动化生产。这些装备按照植物播种、生长、成熟期和产后期作业功能进行分类，如图 5-10 社区农业智能装备所示。

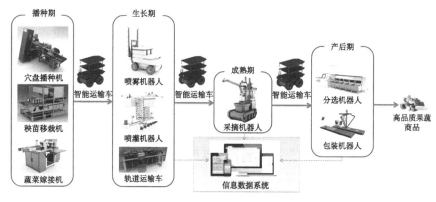

图 5-10　社区农业智能装备

（1）智能环境控制大脑

一些社区农业生产场景涉及室内环境控制技术，比如垂直农业、植物工厂等形式。通过环境控制和环境参数进行实时调节和控制，以保持最佳生长环境。例如，在植物生长过程中，系统可以自动调节温度和湿度，提供适宜的生长环境，从而促进植物的生长和发育。光控模块可以通过控制 LED 灯的颜色、亮度和时长，来模拟不同的日光条件，以满足不同种植植物的需求。营养控制模块可以自动调节植物的灌溉和营养供应。这种社区农业环境控制系统通过监测植物的水分和营养状况，自动添加适当的水分、营养元素和肥料，以维持植物的生长和健康，社区农业环境控制系统如图 5-11 所示。

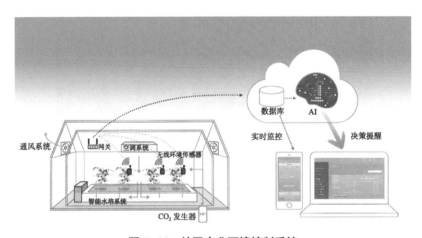

图 5-11　社区农业环境控制系统

智能环境控制大脑是实现该功能的核心装备，主要包括硬件和软件两部分，如图 5-12 所示。硬件部分包括温度、湿度、CO_2 浓度、光照、通风等环境参数感应器、控制器和执行器等设备，还包括影响植物生长的水质检测设备、气体检测设备和光合成测定仪等。这些硬件设备可以实时感知环境参数和植物生长状态，并通过控制器和执行器等设备，对环境参数进行实时调节和控制。软件部分包括植物生长数据采集、数据分析和决策支持等模块。数据采集模块主要负责对环境参数和植物生长状态进行数据采集和传输，将数据发送到数据分析模块进行分析。数据分析模块主要负责对采集到的数据进行处理、分析和建模，并根据分析结果，提供植物生长优化策略和决策支持。

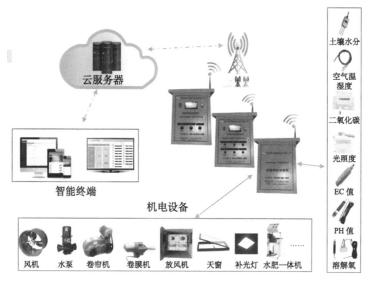

图 5-12　智能环境控制大脑

　　智能环境控制大脑一方面通过数据分析和建模，系统可以为社区农业管理者提供科学依据和决策支持，以优化植物生长环境和生产效率。例如，在植物生长过程中，系统可以根据植物生长状态和需求，自动生成生产决策和优化方案，帮助管理者更好地掌握植物生长情况，提高生产效率和质量。另一方面，可以提高生产质量、减少人工成本和环境污染，提高资源利用率和农业生产的可持续性。

　　（2）自动收获机器人

　　一些社区农业场景需要自动收获系统来完成植物的收割和处理。这些机器人使用各种传感器和机械臂，能够检测植物成熟度并收割作物，从而减少人工收割的成本，提高作物收获效率。以下是一些植物工厂收获机器人的例子。

　　Iron Ox 是一家基于机器人和 AI 技术的植物工厂公司，其采摘机器人可以在短短几分钟内收割蔬菜和水果。该机器人使用视觉和深度学习算法，可以自动识别成熟的植物，并使用机械臂将作物采摘下来，如图 5-13 所示。FarmWise 公司的机器人可以自动识别作物种类、成熟度和品质，并通过机械臂将它们采摘下来。该机器人还可以检测作物上的病虫害，并在必要时进行除草和施肥。FarmWise 机器视觉作物识别系统如图 5-14 所示。日本 Panasonic 公司开发的植物工厂采摘机器人可以在一个小时内收割约 1 000 颗生菜，该机器人使用机械臂进行收割，并通过视觉系统检测作物的大小和成熟度。

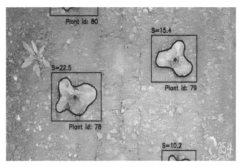

图 5-13　Iron Ox 采摘机器人　　　　图 5-14　FarmWise 机器视觉作物识别系统

（3）运输机器人

运输机器人是一种社区农业自动化设备，用于在植物种植环境中物资和产品的自动运输，如采摘后的果蔬、肥料和水等运输。这些机器人可以根据预设的路径和时间表，在田间或者室内自动移动，为社区农业货物搬运提供高效、智能的解决方案，帮助提高农业生产管理效率，同时减少了人工运输成本。以下是一些现有较为成熟的运输机器人例子。MetoMotion 是一家农业机器人公司，其运输机器人可以在植物工厂中自动搬运植物和其他物品。该机器人使用激光雷达和视觉传感器，可以避免与周围物体发生碰撞，并根据预设路径和时间表自动运输物品。Harvest Automation 公司生产的运输机器人可以在植物工厂中自如穿梭，机器人使用红外线传感器和视觉系统可以检测作物的位置和状态，并根据预设路径和时间表完成任务。目前，这款运输机器人主要用于苗圃和温室中盆栽植物的生产，如图 5-15 所示。

图 5-15　Harvest Automation 公司生产的运输机器人

中国农业科学院都市农业研究所智能农业机器人团队开发了一款果园智能运

输机器人，如图 5-16 所示，旨在解决丘陵山地果园农资、果实等货物人工搬运强度大、效率低的现实生产难题。该机器人采用履带行走机构，爬坡能力强，转弯半径小，机动性强，不易造成土壤板结，适合在丘陵山区果园执行货物运输任务。机器人有遥控和自动行走两种模式，前进速度最大可达到 4.5 m/s，同时具备自主避障、路径规划等功能。

图 5-16 果园智能运输机器人

（4）移栽机器人

温室蔬菜穴盘育苗技术应用规模日益扩大。与传统育苗方式相比，穴盘育苗抗逆性强，具有发芽率高、占地面积小、育苗周期短、便于机械化统一管理等优点。当幼苗长到一定程度时，为满足其进一步生长发育要求，需要将高密度穴盘培育的幼苗移植到低密度穴盘，以缩短作物生长发育期，错开成熟期，提高产量。人工移栽劳动强度大、效率低、栽植质量难以保证，这种粗放的生产方式已无法满足现代育苗工厂作业精准化、集约化的发展要求。因此，穴盘苗机械化移栽是未来的发展趋势（田志伟，2022）。国外温室穴盘苗移栽机已非常成熟，基于先进工业技术和计算机技术开发的移栽机不仅效率高、作业质量稳定、适用性强，而且可以对钵苗品质进行检测筛选，对移栽数量进行统计。相比之下，我国温室移栽机发展起步较晚，由于作物栽培品种和模式不一，致使移栽机发展较为缓慢。

美国的 AgriNomix 公司研发的 RW2100Twin 移栽机（图 5-17a）每小时可移栽 6.1 万株苗。这款装备双臂同时移栽，种植深度和穴盘高度可调，同时能针对 5 个穴盘进行作业。意大利一家公司研发的 RW64 移栽机（图 5-17b）每小时可移栽 5.6 万株苗，该机多个电动取苗器采用独立无线控制方式，可双排同时移栽，并通过触摸屏能进行机器编程和自我诊断。

| a. RW2100Twin 移栽机 | b. RW64 移栽机 |

图 5-17　RW2100Twin 移栽机和 RW64 移栽机

　　荷兰老牌设施农业装备公司众多，其设施园艺相关技术也处于世界领先地位。Visser Horti Systems 公司自 1967 年以来，一直聚焦于园艺苗圃作业机器和生产线的研究与设计。其生产的 Pic-O-MatVision 移栽机（图 5-18a）基于视觉系统可以剔除穴盘中的空穴和品质差的苗，保证移栽苗 100% 优质，每小时最多可移栽 1.92 万株钵苗。针对扦插苗机械化移栽的广泛需求，Visser 公司研发了一种可降解 AutoStix® 插条，插条作业时，可以人工将插条插在条带上，然后通过 AutoStix 移栽机（图 5-18b）切下条带单体并进行移植，插条能够无损夹持不同茎秆粗细的钵苗，还能促进幼苗生根，移栽效率为每小时 1.2 万株。

| a. Pic-O-MatVision 移栽机 | b. AutoStix 移栽机 |

图 5-18　Pic-O-MatVision 移栽机和 AutoStix 移栽机

（5）蔬菜苗嫁接机器人

　　蔬菜嫁接苗是预防土传病害、克服连作障碍的一项有效技术措施，不仅可以改善根际微生物群落组成，提高种苗抗逆性，还可以保持良种品质，增加产量。目前，嫁接苗需求量约 500 亿株，这给育苗工厂带来前所未有的挑战。传统人工嫁接耗时费力，难以保证较高的嫁接效率和成活率，在此背景下，自动嫁接装备的研发与应用推广成为行业未来首要发展任务（田志伟，2022）。蔬菜苗手动嫁接和机械化嫁接如图 5-19 所示。

图 5-19　蔬菜苗手动嫁接和机械化嫁接

日本是世界上进行蔬菜苗自动嫁接研究最早的国家，从 1986 年便开始了嫁接机器人的研究。洋马、井关等日本公司开发了多款全自动或半自动的蔬菜苗嫁接机，这些装备嫁接效率在 600 株 /h 以上，成功率大于 90%，但机器体积庞大，结构复杂，价格昂贵。北京农业智能装备研究中心研制出一种双臂蔬菜嫁接机，该机作业效率可达 800 株 /h，成功率为 95%，但价格依旧昂贵，对于中小型育苗工厂而言购机成本很高。由中国农业大学研发的自动嫁接机器人，如图 5-20 所示，解决了蔬菜幼苗的柔嫩性、易损性和生长不一致性等难题，机器人采用计算机控制，嫁接时操作者只需把砧木和穗木放到相应的供苗台上即可，其他嫁接作业，如砧木生长点切除、穗木切苗、砧木穗木的接合、固定、排苗均由机器自动完成，适于黄瓜、西瓜、甜瓜等瓜菜苗的自动化嫁接。

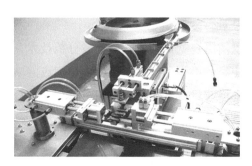

图 5-20　中国农业大学研发的自动嫁接机器人

这些研究多处于理论和试验阶段，机器易对秧苗造成机械损伤，且作业稳定性不高，无法应用于实际生产场景。针对这些问题，中国农业科学院都市农业研究所通过对人工嫁接过程中的关键动作及流程进行梳理分析，提出一种基于气动驱动方式和 PLC 控制系统的卧式轻便型蔬菜嫁接机，如图 5-21 所示，旨在降低嫁接机成本，提高嫁接效率，解决秧苗损伤问题。试验结果表明，该嫁接机体积小、使用简单，平均作业效率为 348 株 /h，平均嫁接成功率为 93.3%，嫁接苗零损伤。可为中小型育苗基地和农户嫁接苗生产提供技术支撑。

图 5-21　卧式轻便型蔬菜嫁接机

（6）巡检机器人

社区农业巡检机器人是一种基于自主导航技术、传感技术和图像识别技术的智能化设备，用于监测和收集农田的生长环境数据，及时发现农田问题和病虫害，提供决策支持。它可以代替传统的人工巡检方式，减少人工成本，提高工作效率和农业生产的质量和产量。农业巡检机器人（图 5-22）的主要功能包括以下几个方面。

农田巡视：可以在农田内自主导航，利用激光雷达、摄像头、声呐、红外线等多种传感器，实时监测农田的生长环境、土壤湿度、气象条件等数据，收集大量的生长环境数据，并进行分析和处理。

病虫害检测：可以使用视觉识别技术和图像分析技术，及时发现和识别农田中的病虫害，分析病虫害的类型和危害程度，提供相应的防治方案和措施。

土壤采样：搭载采样装置，定期采集农田土壤样品，分析土壤成分和营养含量，提供土壤养分管理的科学依据。

农田施肥：根据农田的土壤养分情况和作物的需求，自动化地进行施肥，减少浪费和污染，提高作物产量和质量。

图 5-22　农田巡检机器人

目前，全球范围内已有多家公司研发了农业巡检机器人。例如，美国公司 Blue River Technology 研发的"WeedSeeker"除草机器人可以通过计算机视觉识别杂草，如图 5-23 所示，从而对标有害杂草精确喷药，提高作物产量，减少农药浪费。同时，日本的 Yamaha Motor 公司也研发了一种名为"Field Assistant"的农业巡检机器人，可以自主巡视和检测农田中的作物和土壤，及时发现问题并提供解决方案。

图 5-23　美国"WeedSeeker"除草机器人

此外，一些垂直农业场景需要使用无人机进行植物监测和数据采集。这些无人机可以通过搭载各种传感器和相机，来收集植物的成长情况和其他环境数据，从而提高决策的准确性和效率。

5.2.3 社区农业发展趋势

社区农业可以为城市居民提供新鲜、安全、可持续的食品，同时也可以促进社区居民的社交互动和教育活动。社区农业已经成为许多城市中的一种新兴趋势，越来越多的人开始认识到社区农业的重要性和价值，并积极参与其中。未来，社区农业发展主要有以下趋势。

（1）社区农业技术的创新

随着城市化的加速发展，社区农业技术也在不断创新和进步，这些技术的发展可以使社区农业更加高效、可持续和环保。一些新技术的应用，如垂直种植、水培技术、光合作用人工照明等，已经在社区农业中得到了广泛的应用。未来，社区农业技术的创新将会不断提高社区农业的生产力和效益，推动社区农业的发展。

（2）社区农业的社交价值

除了作物生产功能以外，社区农业可以为城市居民提供一个互动的空间，帮助居民建立更紧密的社区联系，促进社区的和谐发展。许多社区农业项目也会开展各种教育活动，如农业知识普及、儿童农场等，帮助城市居民更好地了解农业，增强他们的环保意识和绿色生活方式。

（3）社区农业的多样性

社区农业不仅仅是传统的大田种植，还包括城市中的垂直种植、屋顶花园、室内种植等多种形式。这些形式的多样化可以为城市居民提供更多元化的选择，促进社区农业的发展。未来，社区农业的多样性将会不断提高，成为城市中更具有活力和吸引力的新型经济形态。

（4）社区农业和数字化的结合

随着信息技术的不断发展和城市化的加速发展，数字化已成为社区农业发展的一个重要方向。社区农业的数字化可以帮助农民更好地管理和监控农业生产，提高农业生产效率和品质，同时也可以为城市居民提供更好的消费体验。例如，一些社区农业项目已经开始采用数字化技术，如智能种植系统、在线销售平台等，以提高农业生产的效率和品质，为社区农业的可持续发展提供更多的可能性。

（5）社区农业与城市规划的结合

社区农业的发展需要得到城市规划的支持和保障。未来，城市规划将会越来越重视社区农业的发展，将社区农业纳入城市规划中，为社区农业提供更好的土地和设施支持。同时，社区农业也可以为城市规划提供参考和借鉴，为城市的可持续发展提供更多的可能性。

总之，社区农业作为一种新兴的农业形式，具有很大的发展潜力和前景。未来社区农业的发展将会越来越重视技术创新、社交价值、多样性、数字化和城市规划的结合，这些方面的进步将会促进社区农业的可持续发展，为城市居民提供更好的食品和生活方式。

都市高架道路植物管养装备

6.1 高架道路月季管养机器人

高架道路在大城市中属于繁忙的高速通行道路，是城市交通的大动脉，每天都有很大的车流量。高架道路的绿色植物对城市美化和行车安全具有重要作用，日常的养护对确保植物长势具有重要意义。但由于其特殊的地理位置，传统的植物日常养护具有安全隐患，亟须技术突破实现养护的智能化作业。

利用机器人技术取代人工对高架道路上的花卉植物进行整形修剪、药物喷施、水肥管理等管养工作，实现低碳维护的目标。通过引入自动化机器人系统，提高工作效率、降低劳动力成本，并确保植物的健康和美观。

作者团队研发的高架道路月季管养机器人，可以实现利用已有护栏作为机器人运行轨道，不用额外建设使用轨道，降低使用成本。机器人的使用场景示意图如图 6-1 所示。

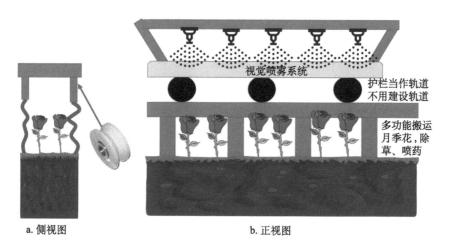

a. 侧视图   b. 正视图

图 6-1 机器人使用场景示意图

6.1.1 技术原理

作者团队开发的适用于都市主要高架道路环境的机器人平台，考虑了都市特殊环境下作业的稳定性、灵活性和操作性能。考虑到高架的特殊环境，机器人应具备对不同天气条件的适应能力，并能在不同高度和角度进行操作。

配备各种传感器和执行器，以实现植物识别、整形修剪、药物喷施和水肥管理等功能。例如，机器人可配备摄像头进行视觉感知、激光传感器进行距离测量，以及机械臂进行操作。

6.1.2 植物识别与整形修剪

利用计算机视觉技术，机器人能够识别高架道路植物的种类和状态。通过分析植物的形态、颜色和纹理等特征，机器人还可以准确判断出不同植物的位置和状态。

基于预设的修剪规则，机器人能够进行整形修剪操作，确保植物形态的美观和健康，还可以根据植物的生长情况和修剪目标，调整剪枝工具的角度和力度，以精确地修剪植物的枝叶。

6.1.3 药物喷施

机器人设置了变量喷药系统，包括喷雾系统和药液供给系统，并开发相应的控制算法，实现自动化的药物喷施。

机器人配备喷雾器和药液供给系统，能够根据植物的需求和病虫害情况，精确控制喷雾量和喷雾位置，自动喷洒药物。

机器人集成了多种传感器和智能算法，实现准确的喷施定位和药物释放控制。通过植物生长监测和病虫害检测，机器人可以根据需要调整喷施药物的时间和剂量，以确保植物的健康和防治效果。

6.1.4 水肥管理

自动化水肥供给系统，集成传感器和控制系统，能够根据植物的需水需肥情况，自动调节水肥供应，实现精准的水肥管理。机器人通过传感器监测土壤湿度、植物生长状态和环境条件等参数，实时掌握植物的水分和养分需求。

结合土壤湿度和植物生长情况的反馈，机器人可以精确控制水肥供给量和频率，以实现精准的水肥管理。此外，机器人还可以配备自动化灌溉系统，根据需求进行定时或定量的灌溉操作。

机器人平台采用软硬件结合的方式，系统的硬件包括机械结构设计、电气控制系统开发、多种传感器等。机器人平台系统的软件具有植物识别和修剪控制两个功能。

作者团队在成都的二环高架实际场景中进行试验，实际评估表明系统的性能达到实际需要，并根据实际作业情况进行改进和优化，提高了对不同道路围栏的适应性。

6.2 都市绿墙植物管养装备

都市闲置空间的高效利用也是都市园艺的重要目标，空间的恰当使用，可以为城市添绿增光。城市主干道多为高架桥形式，在高架桥的下方有大量的闲置空间，由于高度较大，传统的隔离带绿化方式作用有限。都市绿墙植物作为垂直绿化的创新形式，可以栽培生长在桥下的垂直空间，一方面起到美化作用，另一方面垂直绿化对缓解司机疲劳起到较好的效果。都市绿墙植物在成都高架桥下的实景图如图 6-2 所示。

图 6-2 都市绿墙植物在成都高架桥下的实景图

　　为了确保都市绿墙植物长势旺盛，尽可能地利用垂直空间，营造绿色景观，需要配备相应的辅助攀爬、施肥和修剪装备。辅助攀爬设备为特定的绿色铁丝网，包裹安装在桥墩的外围，主要目的是确保爬山虎、月季等植物可以缠绕和固定在上面，大风天气不会从高处脱落，同时减少桥墩被植物的根系吸附，避免植物对桥墩强度的影响。施肥主要通过滴灌施肥系统，利用压力泵将肥料溶液均匀的施到植物根部。修剪装备采用车载的可升降旋转刀具，在移动过程中，通过刀片转动将垂下的过长枝条修剪掉。桥墩上的辅助攀爬设施如图 6-3 所示。

图 6-3　桥墩上的辅助攀爬设施

　　都市非主干道路紧挨着的住宅面临受车辆行驶造成的噪声等影响的难题，都市绿墙植物可以通过植物枝条叶片阻挡声波，也可以起到美化的作用。例如三角梅可以栽培在围墙内部，生长的枝条会延伸到围墙外。栽培的植物可以比围墙高出 2 m 左右，借助围墙旁的树木，还可以进一步利用树干周围的垂直空间，形成跌宕起伏的花卉景观，此外三角梅有紫色、粉色等多种颜色，花期时可以很好地发挥美化效果。图 6-4 是四川大学绿墙植物三角梅的栽培效果。施肥采用滴灌系统通过市政自来水驱动施肥器实现水肥一体。

图6-4 四川大学绿墙植物三角梅的栽培效果

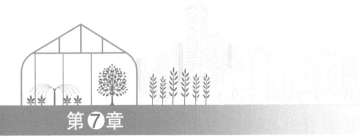

第**7**章

都市农业互联网共享农场智能装备

全球范围内，食源性疾病是对健康的一种严重威胁，尤其是对儿童、孕妇和老人，"药素催保"等食品安全问题成为当代农业发展面临的重要挑战。民众需要更完整的种植流程及更健康的种植环境来重塑食品信任，基于互联网技术，通过可视化交互系统，将粮食的种植全链路透明、公开地呈现，以"监控＋交互"的方式提供健康、溯源、安全、放心的可定制农产品。

2023 年是我国共享农场迅速发展的一年，在 2023 年上半年，国内有效经营的共享农场已由之前的 1 125 家增至 3 000 余家。其中，传统农场转型或增设共享农场业务数量约占 75%，新增典型（纯农业型）共享农场占比约 18%，新增非典型（农旅地产综合型）共享农场占比约 7%，数据显示，共享农场这种生产模式具有较大的市场潜力以及市场容量。

7.1 都市农业互联网共享菜园

借助"可视化交互系统 +5G 网络"，作者团队开发的 You 菜共享菜园，是将虚拟菜园搬到现实场景的开心农场，以"虚拟现实"的游戏模式让种菜变得好玩且好吃。消费者通过平台认养土地，通过可视化界面远程操控，下达种养指令，在云端"随时随地"种菜，全程参与种养，种出安心好菜，且所有种植收成 100% 全归用户所有，轻松在"家门口"收获劳动果实。

农业工作者通过建立 You 菜可视化模块、相应的传感设备，可以精准监控到农作物的生长情况，并通过配套的无人设备以及灌导系统，对农作物进行针对性的种植管理。

该系统的优势是建立一套全新的商业模式，把信任还给消费者，让种植变得简单、有趣、参与感强。打破传统电商采买模式，将选择权完全还给消费者，在体验种植乐趣的同时，获得高品质的健康果蔬。去中间商，打破消费者和农户间的营销屏障，让消费者获取货真价实的优惠，让农户获得更多的利润空间。开创一个反转的种植模式，迎合当下科技兴农的重要政策，打造全新的共享消费经济体系，更好地促进城市与乡村的融合。

基于互联网实现消费模式创新、线上线下消费融合发展。在丰富 5G 网络和千兆光网应用场景的同时，促进共享经济等消费新业态发展。拓展共享生活新空间领域产品智能化升级和商业模式创新，从而打造共享生产新动力。通过智慧农业促进新作物的研发推广、农业技术的应用、科技农业的技术落实，开创新的城镇化就业方向。其主要包括以下特点。

用户与农场共享互联模式：以用户为核心，建立家庭与农场的沟通纽带，通过科技赋能种植，让更多的人参与到种植中，享受种植乐趣。

全域规模化合作运营：线下以合作加盟模式，覆盖全国城市周围农场或优质产区，提供设备及技术支持；线上在细分和垂直邻域进行流量扩张。

随时随地，随心互联：日常生活时可操作种养，周末休闲时可实地体验种养乐趣。并通过线上平台参与社交分享种植心得并学习种植经验。

生态化、低碳化、智能化标准：以生态为导向，遵循自然规律，采用低碳、环保的生产方式，以减少温室气体排放和环境污染。还耕于民，提高农产品品质，建设和谐、可持续的农业生态系统，并利用数字技术，将信息数字化、智能化处理，提高生产和管理的效率和质量。

农场—可视化交互系统—用户平台，实现耕种管收生产环节全覆盖，搭建新型智慧农场。关键技术主要包括可视化系统、实景智慧农场、互动操控系统、视觉标记终端用户平台等方面。都市农业互联网共享菜园结构图如图 7-1 所示。

个人用户进入视觉标记终端用户平台——You 菜小程序，选择自己所需认养的地块以及认养的模式，进行线上管理和种植。闲暇之余可以亲临农场，进行种植体验以及研学教育等。

企业的农业工作者通过特定的后台系统看到现场提供的图像、气候、土壤、水肥等数据，对所管理和研究的农作物进行精准耕植。

作者团队在技术研发方面不断创新。针对个人用户，建立 APP，以便图像更好地传输、更便捷地操控以及更多的可玩性方案，如增设虚拟农场经营模拟种植游戏、增设 AI 管家，通过农情检测系统让个人消费者可以更智能地管理自己的田园。

针对企业的农业工作者，建立完善的农情检测系统，利用 AI，将检测的数据得出有效的种植管理建议，使得种植管理者能更好地做出种植判断，从而将农业种植变得规范、合理。

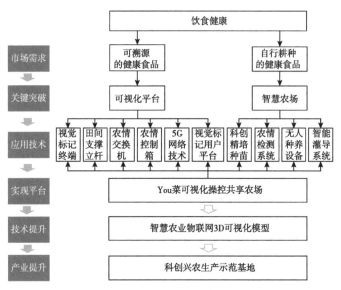

图 7-1　都市农业互联网共享菜园结构图

7.1.1 可视化操控种植的信息传输

通过 5G 技术将信息传输与线下田园结合并实现远程操控互动的云种植平台。很好地解决了可视化设备与小程序平台端口连接传输速率卡顿的问题。让消费者操作起来更流畅，体验感更好。可视化操控种植界面如图 7-2 所示。

图 7-2　可视化操控种植界面

7.1.2 农情监控与 5G 信息技术融合平台

通过整合生物、环境和土壤等传感器，以及基本感应器件，利用无线／有线通信技术，构建出农作物场景传感网络，实现海量育种数据的实时获取，更好地服务于农业工作者进行远程分析及远程种植管理。农情监控与 5G 信息技术融合平台如图 7-3 所示。

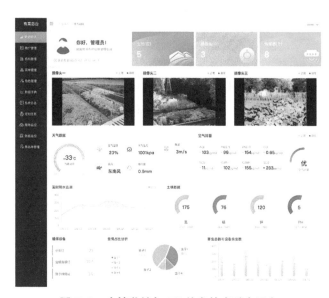

图 7-3　农情监控与 5G 信息技术融合平台

7.1.3 应用案例

（1）江苏溧阳南山 You 菜互联网共享农场（运营中）

南山 You 菜互联网共享农场（图 7-4）是有菜公司投建的第一个农场，位于世界长寿之乡中国江苏溧阳南山景区，风景优美，气候条件优越。全农场采用纯有机精细化耕植，以物理防控、生态养殖等方式，杜绝使用植物激素和化学农药，还原人与食物、人与土地之间的美好关系。

南山 You 菜互联网共享农场一期占地 5 亩，总投资 35 万元，共架设 30 组可视化操控模块，该农场拥有可视化独立操控地块 21 块，每块 50 m²，可视化地块 20 块，每块 26 m²，同时，还配备非会员用户体验农耕的可食花园区，满足不同用户的种养需求。

该农场 2023 年 7 月开放营业，现已完成 12 块单地块的认养，收入 5 万余元；

出售农场自种玉米600余斤*，收入1万余元；共组织3场研学活动，现场收入（教学收入、农产品销售）2万余元。

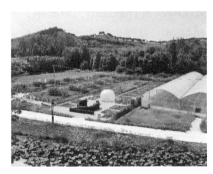

图7-4 江苏溧阳南山 You 菜互联网共享农场

（2）上海和睦 You 菜农场（建设中）

上海和睦 You 菜农场（图7-5）建设地点中国上海青浦和睦村内，紧邻青浦奥特莱斯，地理位置优越，规划用地8亩，总投资50万元，共架设50组可视化操控模块，可视化独立操控地块35块，每块40 m²；可视化地块15块，每块20 m²。建立亲临城市的 CBD 级别农场。

图7-5 上海和睦 You 菜农场

互联网共享农场专注于高品质的农产品，通常使用有机食品和生物科学的生产方式，结合一种认养制的共享成员结构。在这种模式下，消费者与认养用户有着比以往更高的参与度，最后发展成一种更稳固的农户—认养用户关系。

―――――――――

* 　1斤＝0.5 kg，全书同。

　　互联网共享菜园探索了用户与农场共享互联模式，作者团队从技术层面解决了多项现有网络互联的难题，使用户得到更好、更流畅的线上互动体验，进一步增加了用户黏性。

　　科技兴农的作用更加明显。与很多传统型农场不同，互联网共享菜园更多致力于农场智能化、农业信息化领域的研究和项目开发，通过与国家相关研究所合作，研发更多、更先进的产品服务于消费者，从根源上解决市场痛点。都市农业互联网共享菜园示意图如图7-6所示。

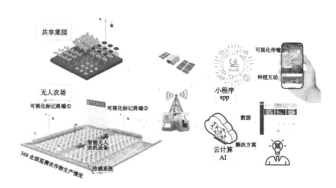

图 7-6　都市农业互联网共享菜园示意图

　　整个共享农业行业中，共享菜园属于信息智能化发展方向的项目，以智能化的发展路径，通过5G信息技术以及日趋壮大的AI人工智能技术的广泛运用，结合智能化设备的应用，将更便捷、更精准、更高效的服务理念提供给每个潜在用户，丰富了都市农业的产业形态。都市农业互联网共享菜园特点如图7-7所示。其主要包括以下两个方面。

　　一是数据平台化。建立信用体系，吸引更多的人群关注；在共享平台产品的设计上，社交化产品加入社会属性；农庄的信息化；交易成本降低，提高交易效率，吸引更多的农场入驻、更多的消费者通过平台去消费。

　　二是农场智能化。包括生产过程的智能化、交易过程的智能化、互动体验的智能化、农情监管智能化。

　　生产过程的智能化：You菜农场在生产端使用当下较为先进的精细化种植并结合循环种植的方式，通过信息技术、物联技术以及智能设备的应用，以更智能的方式进行生产农作物，在保证原生态种植的条件下，将农作物产量最大化。

　　交易过程的智能化：共享平台将根据消费者所在的地区、消费数据和其他数据信息，自动匹配合适的农场以及相应的农产品提供给消费者。

互动体验的智能化：共享平台将可视以及互动结合，通过 5G 信息传输，将农场实景展现给消费者，使其身临其境，体验种植乐趣。

农情监管智能化：You 菜项目，为企业以及农业行业从业者提供智能化农作物检测平台，通过图形图像传输、气候及土壤数据传图，并逐步利用人工智能，形成综合性分析数据，为农业从业者提供更好的种养指导数据。

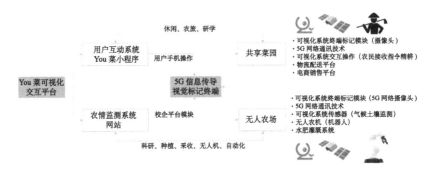

图 7-7　都市农业互联网共享菜园特点

7.2　都市农业互联网共享果园

都市农业互联网共享果园以健康水果供应为目的，注重用户亲身体验，通过互联网平台化运作，为多方提供果园共享服务，最终形成多方共赢的局面。互联网共享果园示意图如图 7-8 所示。

对于整个果园种植行业而言，互联网共享果园在整个共享农业行业中，其对于新兴科技的综合创新运用，解决了互联网共享果园在信息传输终端的服务弊端，其开发的互联网共享果园平台是传统型共享农业向智能型共享农业转型的新引擎、新动力。

对于地方政府而言，互联网共享果园模式，将闲置土地更广泛、更合理地利用，让原本枯燥的土地变得美观、生机勃勃的同时，又避免土地资源浪费。互联网共享果园农场的经营模式，又增加了地方政府的相应税收。

对于地方农户而言，互联网共享果园模式，通过基本薪资＋劳动提成的方式，在提高农村就业率的同时，更大层面地增加了农户的收入。并且，互联网共享果园用更先进的耕作方式，将更先进种植技术传授给农民，提高了生产效率和劳作技能。

对于城镇消费者而言，互联网共享果园平台给用户提供了新的农业体验模式，该模式打破了农场生产的传统方式和农场产品消费的信息壁垒，实现了农产品所见即所得，让用户吃上放心的健康蔬菜，同时提供压力释放的农业体验。

对于企业及农业工作者，互联网共享果园平台的专业农情监控系统，可以更好地让其获得直观有效的农作物信息以及管理方案。

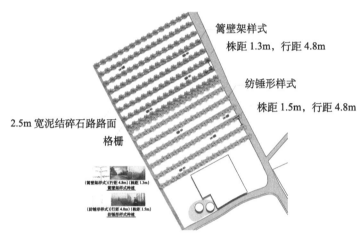

图7-8 互联网共享果园示意图

7.2.1 农艺农机融合模式

为了便于智能农机的作业，在大田农艺栽培上进行技术创新，提出了篱壁式和纺锤式两种栽培方式。①篱壁式栽培密度行距为4.8 m，株距为1.3 m，主干定干2.5 m。两行之间可方便智能农机进入农田，栽培方式适合机械化作业。篱壁式栽培技术模式如图7-9所示。②纺锤式栽培密度行距为4.8 m，株距为1.5 m，主干定干3 m。纺锤式栽培技术模式如图7-10所示。

a. 篱壁式　　　　　　b. 行距4.8 m　　　　　　c. 株距1.3 m

图7-9 篱壁式栽培技术模式

| a. 纺锤式 | b. 行距 4.8 m | c. 株距 1.5 m |

图 7-10　纺锤式栽培技术模式

传统梨树种植密度每亩 40~80 株，从小苗定植到丰产挂果需 3~5 年，生产中打药、修剪、采果极为不便，也难以适应机械化、无人化作业。都市农业互联网共享果园依托科研技术优势，实现早熟梨全程无人机械化生产，推荐示范区种植密度每亩 110 株，小苗春季定植生长 1 年，第 2 年即实现投产挂果，第 3 年实现亩产 3 000 斤以上；通过培养好主干与结果母枝形成固定树形，配套科学的栽培管理技术，辅以施肥、修剪和药剂防治的自动化设备，通过都市农业研究所智能设备体系的加持，解决自动授粉，智能疏果、套袋等关键技术，逐步建立园区无人化、智能化管理体系。该技术模式不仅能实现梨早结丰产，还能实现机械化生产管理和机器人采果，大大降低人工劳动成本，提高生产效率，具有先进性和技术优势。

核心优势技术包括：ⓐ采用高密度种植模式，更快实现早期丰产。ⓑ宜机化的小区布置，大型智能农机畅通无阻。ⓒ基于互联网固化结果区域，通过智能化和机械化修剪固定，解决多年生果园结果部位外移产量品质下降的问题。ⓓ树形架式通风透光，提高果实色泽与内在品质。ⓔ便于实现无人化果园的各种标准制定，量化田间工作。

共享果园中作者团队依托技术优势，突破自动授粉，智能疏果、套袋等关键技术，同时配套无人化果园智能监测控制系统，实现设施内环境因子（光、温、水、气、肥）自动化控制，逐步探索并建立大棚梨栽培的无人化、智能化管理体系。该技术模式在提升果实品质、提早梨的成熟上市时间具有明显优势。

为了便于智能农机的作业，在设施果园农艺栽培上进行技术创新，提出了行架式栽培方式。栽培密度行距为 4.8 m，株距为 1.5 m，主干定干 1.8 m。

目前，我国梨树棚架栽培多采用三主枝树形，其主枝上徒长枝多，先端生长弱，上架困难，"树架分离"，导致产量偏低；主枝数量和分枝级数偏多，整形修剪技术复杂，果农不易掌握；主干偏矮，机械操作不便。双主枝水平棚架式上部枝条均匀排列整齐，下部平整宽阔，在疏花疏果、果实套袋、枝梢管理、冬季修剪方面的操作简便，除草、施肥、喷药、果实运输等环节满足无人化、智能化设备应用的基础条件。

农艺路线核心优势技术包括：ⓐ设施内可对环境因子进行调控，更易产出高品质标准大果。ⓑ双主枝水平棚架式冠形为平面，光照接收面积大，有利于营养物质的积累及果实质量的提高。ⓒ固化结果区域，可进行简单的机械化修剪固定。ⓓ果实自然下垂，将树冠下方枝条修剪，不遮挡果实，不易受大风、高温天气影响减少落果，损伤果实。

7.2.2 互联网共享果园智能装备

互联网共享果园采用便于智能化的篱壁式纺锤形架式，配套无人化果园智能控制系统，实现园区环境因子（光、温、水、气、肥）自动化控制。作者团队研发的智能采摘机器人、无人驾驶旋耕机、植保无人机等智能装备在重庆等地智慧果园进行了示范应用。该模式在生产高品质梨上具有轻简化、省力化、标准化、机械化方面优势，既适合产业发展，又适合观光采摘。都市农业互联网共享果园俯视图如图 7-11 所示。

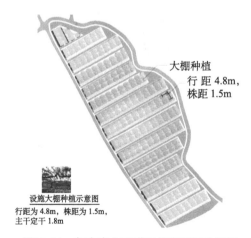

大棚种植
行距 4.8m，
株距 1.5m

设施大棚种植示意图
行距为 4.8m，株距为 1.5m，
主干定干 1.8m

图 7-11　都市农业互联网共享果园俯视图

都市农业物联网研学教育智能装备

都市农业具有"生产、生活和生态"（三生）的属性，是学校教育最重要途径之一。研学教育注重科学和时间的结合，都市农业很好地满足了研学的技术需求。物联网实践是一种重要的技术手段，对于促进学生理解智能化技术及装备具有很好的科普作用。

作者团队研究了都市农业物联网研学教育智能装备系统，通过微型智能温室的搭建和实践探究，促进学生认识面向植物栽培的物联网，了解硬件平台和软件平台的技术特征与体系架构，体验都市农业物联网研学教育智能装备的应用和创新。都市农业物联网研学教育智能装备示意图如图 8-1 所示。

图 8-1 都市农业物联网研学教育智能装备示意图

8.1 都市农业研学教育硬件装备

都市农业具有很好的可实践性，可有效开展研学教育，其作为很有潜力的教学资源，能够引起学生的兴趣，研学教育和平时的生活所需结合，能很好地引导孩子们沉浸式学习植物科学知识和工程技术知识。例如平时精心照顾的水仙花到了假期外出的时候，将没法养护，通过智能装备技术远程养花，基于传感器实现植物信息的自动感知，通过控制器智能决策，实现自动化植物看护。植物信息的自动检测如图 8-2。

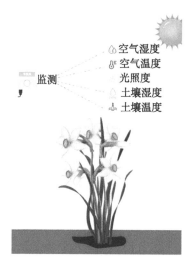

图 8-2　植物信息的自动监测

光线、温度、湿度和土壤信息都可以通过农业传感器自动采集和获取。每种不同的植物和植物生长的不同阶段的需求状态都可以通过传感器智能感知，并根据感知的数据在一个密闭的温室内进行调控，实现植物的健康生长。传感器获取植物生长信息如图 8-3 所示。水仙花适宜水培或土培，喜光照，长日照地区只需白天接受光照，短日照地区可人工补光。水仙在 5℃ 以下会冻伤，5℃ 以上生长良好，10~15℃ 是最佳生长温度。

图 8-3　传感器获取植物生长信息

　　装备主要的硬件包括土壤传感器和光照传感器等，如图 8-4 所示。土壤对植物生长至关重要。土壤里各种元素的含量影响着不同植物的生长，感知和监测土壤条件，这就是土壤传感器的作用。土壤传感器根据其监测因素不同，可分为监测土壤温湿度、土壤酸碱度、土壤氮含量的传感器等。植物生长需要进行光合作用，生长环境中的光是实际存在的模拟量，无法被控制器感知，因此，我们需要一个能够将光强弱转换成控制器能够识别数值的设备，这类设备就叫作光照传感器。

图 8-4　土壤传感器和光照传感器模块

　　除此之外，控制器电路也是硬件平台的重要组成部分，控制电路器件如图 8-5 所示。继电器控制模块是一种依靠输入信号改变来控制电路通断的设备。在自动化的控制电路中，继电器实际上是用小电流来控制大电流的一种"自动开关"。主控制板模块是一种具有多个接口，能将多种传感器信号采集进来并进行运算处理的硬件电路。主控板示意图图 8-6 所示。

图 8-5　控制电路器件

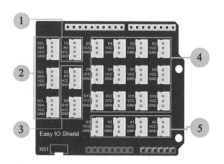

1. 串口；2. 数字接口；3. 接口 12C；4. 模拟接口；5. 数字扩展接口

图 8-6　主控板示意图

执行部件是根据控制器的指令完成具体的作业，进行相应的动作，完成对应的作业。硬件平台的水泵和喷淋控制执行部件如图 8-7 所示。

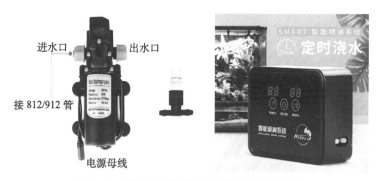

图 8-7　硬件平台的水泵和喷淋控制执行部件

基于上述的硬件的元器件，根据一个花卉栽培的目的，搭建完成一个硬件的平台（图 8-8），构建一个功能齐备的植物栽培硬件系统。

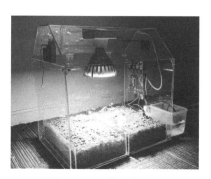

图 8-8　硬件平台实物

8.2 都市农业研学教育软件平台

都市农业研学教育主要目的是掌握科学知识，理解科学背后的奥秘。通过智能农业装备技术实现远程对植物的养护，有以下三个科学要素必不可少。

一是软件要具有逻辑性，根据逻辑判断植物生长的环境参数是否合理。环境因素包括空气的温湿度、光照强度、土壤的温湿度，如果再精准些，还可以包括空气的二氧化碳浓度、土壤酸碱度、土壤肥力情况等，这些环境因子被各类传感器感知和采集，并以数字化的形式发送给软件，软件需要综合分析决策。软件逻辑判断植物生长的环境参数如图8-9所示。

图8-9　软件逻辑判断植物生长的环境参数

二是软件平台的网络通信传输(图8-10)。手机、电脑等登录网络监控云平台，既能远程查看到温室的环境情况，也能远程控制温室的环境变化，需要 WiFi、蓝牙、手机移动通信技术等，实现感知信息和控制信息高效稳定的传输。

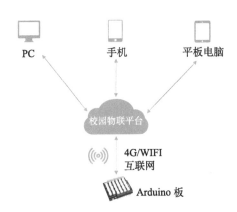

图8-10　软件平台的网络通信传输

三是云端的软件平台进行数据处理与智能控制（图 8-11）。温室环境因子的变化信息被感知、被传输到计算设备或云平台后，通过程序的综合分析和智能判断，程序链接与调用相关控制设备做出适宜的处理。如土壤湿度不够时，启动水泵抽水浇灌；光照不够时，调节植物灯进行补光。

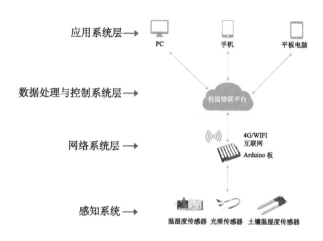

图 8-11 云端的软件平台进行数据处理与智能控制

软件平台基于 Web 技术建立，通过加载背景底图，建立可视化的鸟瞰图，可异地登录系统实现远程的控制。软件平台界面如图 8-12 所示。

图 8-12 软件平台界面

在软件平台中控制界面（图 8-13），可依次操作将温度计图标、湿度图标和土壤温湿度图标拖动到右侧，然后选择设备并绑定。绑定后，即实现可视化的监测。

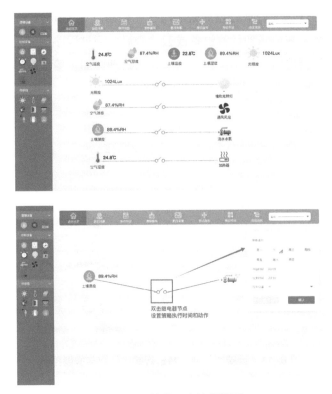

图 8-13 软件平台控制界面

系统可以通过手机端登录，登录后配置不同传感器的参数，完成智能控制逻辑配置，移动端软件平台的操作控制同电脑端相似。如图 8-14 所示。

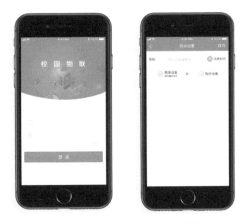

图 8-14 移动端软件平台控制界面

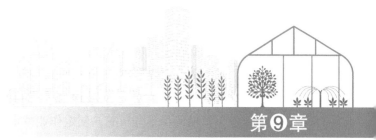

第❾章

趋势和展望

9.1 趋势

近年来，随着设施农业、精准农业和高新技术的发展，特别是土地流转与农业生产规模化、集约化的加剧，以及人工作业成本的不断攀升，农业机器人成为替代繁重体力劳动、改善生产条件、提高收获生产效率、转变发展方式、降低生产成本和损耗、增强综合生产能力的关键装备，也是国际农业装备产业技术竞争焦点之一（教育部，2021）。在工厂化农业生产场景中，可控的、标准化的设施环境为农业机器人和自动化生产提供了可能。

另外，都市农业主要布置在城市社区、楼宇等区域，与消费者距离近，省去了农产品运输的时间和成本，也减少了其在运输过程中因受损而造成的食物浪费。这种农业生产模式极大缩短了农场到餐桌的距离，为农产品采摘争取了更长的时间。都市农业采用可控室内环境和人工光所生产的果蔬品质均衡、干净无污染，采收后可以直接打包装箱，运输至零售店甚至餐桌，无须进行过多加工和清洁分拣。这种特征就决定了都市农业未来发展的趋势，注重农产品商品化的技术要求和市场化的品质要求。

一是注重商品属性。都市农业不断地向市场提供新鲜果蔬，不仅是指从播种到采收的栽培过程，而且还包括了采收后的清洗、分级、包装、加工和贮运等产后商品化处理。这些果蔬经过商品化处理，既有利于保持优良品质，提高商品性，又有利于减少腐烂，避免浪费，既方便市民生活，又可使蔬菜商品增值，使生产者和经营者增加经济效益。因此，采收过程中不能出现未成熟、损伤等现象，以免损害果蔬的商品价值。

二是满足分级要求。果蔬分级是发展果蔬商品流通、提高市场竞争力的需要。上市前，都市农业生产的果蔬产品需要进行精细分级。主要是根据产品的品质、色泽、大小、成熟度、清洁度和损伤程度来进行精准分级。随着果蔬商品流通量的增加，分级有利于优级优价，减少浪费，便于进行精美包装运输，将农户效益最大化。采收的同时需要对果蔬品质进行评价并进行分级。

三是注重采后工艺。都市农业要保证果蔬新鲜，可以在变色期采收，或完全成熟后采收，以便确保最佳口感，制定作业技术规程，以配合产品后期处理工艺，进而提高作业效率和商品价值。

9.2 展望

未来都市农业智能装备将呈现以下应用场景。

一是依托智能装备实现 24 h 作业。

机器人未来可以实现 24 h 连续栽培作业，实现了机器人代替人工。这些机器人本质上可分为全自动或半自动，通过计算机编程并能够在遥控器或嵌入式计算机的指导下执行一系列复杂的动作，完成特定的果蔬栽培和采收任务。实现 24 h 作业机器人如图 9-1 所示。

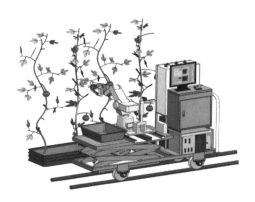

图 9-1　实现 24h 作业机器人

都市农业智能机器人在未来大有前景。一方面，全球人口持续增加，对粮食的需求也随之增长，在此背景下，全球老龄化程度却在不断加深，城镇化进程加快，导致农业人口越来越少，"未来谁来种地？"成为世界各国普遍关注的问题。所以越来越多的国家开始推进农业智能化开展，积极促进农业机器人等智能设备的使用，期望以此保产增收，维护粮食安全和社会安稳。另一方面，机器可以 24 h 不间断作业，效率远高于人工，且成本更低，这样集约化的生产方式有助于解放农户双手，降低他们的劳动强度，从而使农民有时间承担其他任务。

二是依托智能装备实现全地形作业。

移动机器人可以进入各种不同的地形和空间，并长时间在噪声等环境下进行精准作业。移动机构主要有轮式移动机构、履带式移动机构及足式移动机构。一般室内移动机器人通常采用轮式移动机构，室外移动机器人为了适应野外环境的需要，多采用履带式移动机构。轮式机器人是移动机器人中应用最多的一种机器人，在相对平坦的地面上，用轮式移动方式是相当优越的。四轮式机器人应用最为广泛，四轮机构可采用不同的方式实现驱动和转向，既可以使用后轮分散驱动，也可以用连杆机构实现四轮同步转向，这种方式比起仅有前轮转向的车辆可实现更小的转弯半径。而履带式机器人与轮式机器人相比具有巨大优势：履带式移动方式支撑面积大，接地比压小，适于泥泞场地作业，下陷度小，滚动阻力小，通过性能好；越野机动性能好，爬坡、越沟等性能均优于轮式机器人。此外，轨道式行走装置在工厂化农业生产场景中较为常见。轨道式机器人可在专设的轨道上运行，稳定性好，能带负荷行走，工作效率高。都市农业全地形的农业机器人装置如图 9-2 所示。

a.轨道式机器人　　　　　b.履带式机器人　　　　　c.四轮式机器人

图 9-2　都市农业全地形的农业机器人装置

三是依托智能装备实现协同式作业。

未来机器人作业将出现同一时间、同一地点和不同作物区域出现多个机器人分工协作的作业场景。机器人之间将进行沟通交流，通过专业化的作业实现高效的协同。果蔬机器人智能化程度高，其相应的制造成本也较高，运输机器人相对低成本，按照一个采摘机器人对应搭配多个运输机器人同时进行作业。另一方面，机器人的使用受到时间和季节性的限制，有效利用率不高，也是限制采摘机器人推广的重要因素，因此机器人完成自己固定任务后，还需要提供社会化服务，外出打工，和别的农场机器人搭配协同。近年来，科研人员对于各类都市农业作业机器人的协同研究工作并未停止，反而越来越重视。原因在于集约化的农业生产中成群的使用机器人技术可以提高整体性能和生产效率，同时降低劳动强度和保护作业人员安全。都市农业机器人协同式作业场景如图9-3所示。以此来看，机器人是解决劳动力短缺、提高人类劳动效率甚至减少人类劳动量的一种最优潜力的方式。机器人可以轻松执行重复性任务，取代人类劳动，同时可以在危险环境中作业，从而大大降低操作人员面临的风险。

图9-3　都市农业机器人协同式作业场景

综上所述，都市农业智能装备为都市农业产业快速发展提供了科技支撑，也是未来都市农业领域王冠上的明珠，通过理论探索、技术突破和装备创制一体化发展，能解决都市农业发展面临的劳动力不足等瓶颈问题，也能为耕地保护和健康食品的供应探索出一条发展之路。

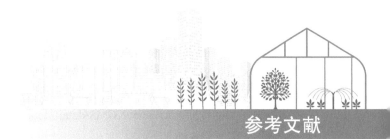
北京三润泰克国际农业科技有限公司 . 农业农村部：未来五年中国温室种植 200 万公
　　顷以上 [EB/OL]. (2021–1–26) . http://www.sangreen.cn/index/detail/id/666.html.

方艺润，2022 . 解析以色列农业社区基布兹科技发展之路 [J]. 农业开发与装备 (6):
　　76–78.

冯青春，郑文刚，吴莹，等，2012 . 基于 plc 自动嫁接机控制系统设计 [J]. 中国农机化
　　(1): 3.

冯天翔，2017. 温室穴盘苗移栽手爪改进设计及试验研究 [D]. 北京：北京工业大学 .

高国华， 马帅，2017 . 基于离散单元分析与物场分析的盆花移栽手爪优化 [J]. 农业工
　　程学报，33(6): 8.

高国华，王 凯，孙晓娜，2017 . 嫁接机钢针顶起穴盘苗过程 EDEM 模拟验证及参数优
　　化 [J]. 农业工程学报，33(21): 29–35.

郝炘，李建华，牛明雷，等，2019. 面向温室大棚辣椒的幼苗全自动移栽方法研究 [J].
　　中国农业信息，31(3): 68–78.

郝子岩，李娜，邢雅周，2020 . 嫁接辅助机械臂控制系统仿真与试验 [J]. 中国农机化学
　　报，41(9): 7.

皇甫坤，张秀花，2020 . 瓜科嫁接苗自动回栽装置的设计与仿真 [J]. 中国农机化学报，
　　41(2): 6.

黄毅，2003 . 食用菌工厂化设施栽培的问题与对策 [J]. 食用菌 (6): 2–4.

霍银磊，刘新朗，张新昌，2007 . 泡沫塑料的单轴压缩力学性能 (上)[J] . 包装工程，
　　28(6): 3.

计艳峰，2016. 蔬菜自动嫁接设计与控制仿真研究 [D]. 天津：天津科技大学 .

纪超，冯青春，袁挺，等，2011 . 温室黄瓜采摘机器人系统研制及性能分析 [J]. 机器人
　　(6): 726–730.

姜凯，2019. 瓜类贴接式机械嫁接机理及装置试验研究 [D]. 哈尔滨：东北农业大学 .

姜凯，郑文刚，张骞，等，2012 . 蔬菜嫁接机器人研制与试验 [J]. 农业工程学报，28(4): 7.

蒋紫琪，陈俊杉，2020 . 社区支持农业持续发展机制研究 [J]. 山西农经 (5): 17–19. doi:
　　10.16675/j.cnki.cn14–1065/f.2020.05.006.

教育部, 2021. 将耕读教育课程作为涉农专业学生必修课 [EB/OL]. (2021–09–23).
　　https://dxs.moe.gov.cn/zx/a/jj/210923/1730110.shtml.

乐晓亮. 2021. 番茄串的机器人采收方法研究与应用 [D]. 广州: 华南理工大学.
　　[2021–3–3]. https://kns.cnki.net/KCMS/detail/detail.aspx?dbname=CMFD202301&fi
　　lename=1021895508.nh.

李伯康, 赵颖, 孙群, 2016. 树苗硬枝嫁接机器人控制系统设计 [J]. 中国农机化学报.
　　37(2): 186–190.

李刚, 潘玲华, 谭海文, 2021. 夏季番茄嫁接管理技术 [J]. 中国蔬菜 (7): 3.

李军, 2016. 茄科整排全自动蔬菜嫁接机的研究 [D]. 北京: 中国农业大学.

李宗耕, 杨其长, 沙德剑, 2022. 植物工厂水培叶菜生产全程机械化研究进展 [J]. 中国
　　农业大学学报 (5): 12–21.

刘坤宇, 苏宏杰, 李飞宇, 等, 2021. 基于响应曲面法的土壤离散元模型的参数标
　　定研究 [J/OL]. 中国农机化学报 (9): 143–149. doi:10.13733/j.jcam.issn.2095-
　　5553.2021.09.20.

刘淑梅, 苏晓梅, 刘磊, 等, 2021. 不同嫁接方法对 (北方) 番茄栽培的影响研究 [J].
　　园艺与种苗, 41(1):18–20+54.

马帅, 徐丽明, 袁全春, 等, 2020. 葡萄藤防寒土与清土部件相互作用的离散元仿真参
　　数标定 [J]. 农业工程学报, 36(1): 10.

马艳伟, 杨帆, 2021. 智慧社区推动农业可持续发展 [J]. 南方农机 (2): 13–14.

马锃宏, 李南, 李涛, 等, 2015. 钵体苗带式供苗移栽机的设计与试验 [J]. 中国农业大
　　学学报, 20(3): 216–222.

齐飞, 李恺, 李邵, 等, 2023. 世界设施园艺智能化装备发展对中国的启示研究 [J]. 农
　　业工程学报, 43(3): 87.

齐飞, 魏晓明, 张跃峰, 2017. 中国设施园艺装备技术发展现状与未来研究方向 [J].
　　农业工程学报, 33(24): 9.

全伟, 吴明亮, 罗海峰, 等, 2020. 油菜钵苗移栽机成穴作业方式及参数优化 [J]. 农业
　　工程学报 (11): 13–21, 327.

孙媛媛, 2023. 社区支持农业助力乡村振兴 [J]. 小康 (1): 60–62.

覃仁柳, 庞师婵, 唐小付, 等, 2021. 番茄嫁接植株根系内生细菌和真菌群落的组成特
　　征 [J]. 西南农业学报, 34(5): 11.

唐兴隆, 李英奎, 任桂英, 等, 2019. 蔬菜嫁接装置技术研究与试验 [J]. 中国农机化学
　　报 (12): 4.

田志伟, 马伟, 杨其长, 等, 2022. 温室穴盘苗移栽机械研究现状及问题分析 [J]. 中国
　　农业大学学报 (5): 22–38.

田志伟, 马伟, 姚森, 等, 2022. 卧式蔬菜苗嫁接机设计与试验 [J/OL]. 中国农机化学

报 (11): 32–37. doi: 10.13733/j.jcam.issn.2095–5553.2022.11.005.

万帅．2020．"互联网＋"视域下的社区微农业服务设计研究 [D/OL]. 武汉：武汉工程大学．[202I–01–20]. https: //kns.cnki.net/KCMS/detail/detail.aspx?dbname=CMFD20 2201&filename=1021753154.nh.

王超，刘彩玲，李永磊，等，2021．蔬菜移栽机气动下压式高速取苗装置设计与试验 [J]. 农业机械学报，52(5): 35–43, 51.

王宪良，胡红，王庆杰，等，2017．基于离散元的土壤模型参数标定方法 [J]. 农业机械学报，48(12): 8.

王燕，2014．基于离散元法的深松铲结构与松土效果研究 [D]. 吉林：吉林农业大学．

王哲禄，2016．贴接式全自动蔬菜嫁接机控制系统的设计与实现 [J]. 安徽农业科学，44(19): 4.

夏春风，曹其新，杨扬，2016．嫁接苗移栽机械手末端执行器的优化设计 [J]. 中国农机化学报，37(9): 6.

徐勤超，李善军，张衍林，等，2020．柑橘育苗钵装填转运机设计与试验 [J]. 农业工程学报，36(18): 7.

徐雪萌，李飞翔，李永祥，等，2019．定量变距螺旋结构设计与试验 [J]. 农业机械学报 (12): 89–97.

杨其长，张成波，2005．植物工厂概论 [M]. 北京：中国农业科学技术出版社．

杨先超，马月虹，2022．设施内蔬菜机械化育苗移栽的现状与发展趋势 [J]. 农机化研究 (7): 44.

姚森，2020．甘蓝收获机关键部件的优化设计与试验研究 [D/OL]. 北京：中国农业科学院．[2021–1–2]. https: //kns.cnki.net/KCMS/detail/detail.aspx?dbname=CMFD2021 01&filename=1020089849.nh.

尹权，张铁中，李军，等，2017．基于 plc 的一种茄科整排自动嫁接机控制系统设计 [J]. 农机化研究，39(5): 9.

翟福勤，王群，丁检，等，2020．大棚番茄嫁接育苗栽培成套技术应用与推广 [J]. 长江蔬菜 (19): 3.

张凯良，褚佳，张铁中，等，2017．蔬菜自动嫁接技术研究现状与发展分析 [J]. 农业机械学报，48(3): 13.

ARAD B，BALENDONCK J，BARTH R, et al., 2020. Development of a sweet pepper harvesting robot [J]. Journal of Field Robotics，37(6): 1027–1039.

CHOI W C, KIM D C, RYU I H, et al., 2002. Development of a seedling pick–up device for vegetable transplanters [J]. Transactions of the ASAE, 45(1): 13–19.

CHOQUE M C J, ALCORT S N F, PRADO G S R., 2019. Construction of a mechanical gripper for the automatic transplantation of seedlings in a multi–cell tray [J]. IEEE

XVI Interna-tional Conference on Electronics，Electrical Engineering and Computing (INTERCON): 1–4.

HAN L H, KUMI F, MAO H P, et al., 2019. Design and tests of a multi–pin flexible seedling pick–up gripper for automatic transplanting [J]. Applied Engineering in Agriculture, 35(6):949–957.

JIANG Z H, HU Y, JIANG H Y, et al., 2017. Design and force analysis of end–effector for plug seedling transplanter [J]. PLoS One, 12(7): e0180229.

JORG O J, SPORTELLI M, FONTANELLI M, et al., 2021. Design, development and testing of feeding grippers for vegetable plug transplanters [J]. AgriEngineering , 3(3):669–680.

LI B, GU S, CHU Q, et al., 2019. Development of transplanting manipulator for hydroponic leafy vegetables [J]. International Journal of Agricultural and Biological Engineering, 12(6):38–44.

TIAN Z, MA W, YANG Q, et al., 2022. Application status and challenges of machine vision in plant factory—A review [J]. Information Processing in Agriculture, 9(2): 195–211.

UMEDA M，KUBOTA S，IIDA M, 1999. Development of "STORK", a watermelon-harvesting robot [J]. Artificial Life and Robotics，3(3): 143–147.

WANG P, ZHANG X, HUANG F, et al., 2021. Design and simulation of taking-putting seedling manipulator of plug seedling transplanter [J]. ASABE Annual Interna-tional Virtual Meeting 2101109.

WU K, LOU J, LI C, et al., 2021. Creep modelling of rootstock during holding in watermelongrafting [J]. Agriculture, 11: 12–16.